Vie et mort de la population mondiale

Coéditée par les Éditions Le Pommier et Universcience éditions, la collection « Le collège » s'inspire principalement du programme des conférences organisées par le Collège d'universcience sur ses deux sites: la Cité des sciences et de l'industrie et le Palais de la découverte.
Dans le même esprit – construire les outils d'une culture scientifique partagée et nourrir le dialogue science/société –, les textes, simples et originaux, sont élaborés spécialement pour la collection par les meilleurs spécialistes d'aujourd'hui.

Mise en pages: Marina Smid
Relecture: Gérard Tassi

ISBN: 978-2-7465-0574-2
Éditions Le Pommier, 239, rue Saint-Jacques, 75005 Paris
www.editions-lepommier.fr
www.universcience.fr/college

HERVÉ LE BRAS

Vie et mort de la population mondiale

Éditions
Le Pommier

universcience
éditions

Sommaire

Introduction

Les deux populations mondiales

La population mondiale possède deux facettes. La première consiste en un simple chiffre, celui des humains vivants à un instant donné : 7 milliards de personnes à la fin 2011, selon les Nations unies. La seconde consiste en une idée, celle selon laquelle ces milliards d'humains pris ensemble forment une entité pertinente, capable d'agir sur d'autres entités ou de subir leur influence. Le philosophe Alfred North Whitehead qualifiait de « pseudo-concrètes » les entités de ce genre, par opposition aux objets concrets accessibles aux sens. Une table ou une maison sont visibles et palpables. La population mondiale est une abstraction que personne n'a jamais touchée ni embrassée d'un seul coup d'œil.

Ces deux facettes de la population mondiale ont des histoires totalement différentes. La première – le nombre d'habitants – existe depuis l'apparition de l'homme sur terre. Ce nombre, exact, augmente d'une unité à chaque naissance et diminue d'une unité à chaque décès. Comme personne n'était là pour enregistrer l'instant exact de chaque naissance et de chaque décès depuis les origines, il est un peu difficile de savoir comment l'effectif de la population mondiale a varié au cours du temps. L'estimer est la tâche de la paléodémographie pour la période précédant l'écriture, puis, jusqu'au XXe siècle, celle de la démographie historique, et enfin, pour l'époque présente et pour les perspectives futures, celle de la démographie. Chacune de ces estimations comporte une large part d'incertitude : les plus anciennes sont douteuses, car il n'existait pas d'enregistrement; et les futures le sont presque autant, car les projections démographiques ne sont jamais sûres. Quant aux chiffres actuels, celui qui connaît la population de l'Afghanistan, de la Somalie ou même du Nigeria ou de la Chine est un heureux démographe.

L'autre facette, celle de la population mondiale en tant qu'entité, est apparue beaucoup plus récemment. Avant qu'elle ne soit pensable et pensée, il a fallu attendre le milieu du XVIIe siècle, avec la création des États modernes et la parution des ouvrages de leurs théoriciens. Depuis lors, l'idée de population mondiale a subi d'importantes transformations sous l'influence de la religion, de la colonisation, de la révolution darwinienne, de l'eugénisme, du darwinisme social, des théories racistes et, finalement, de l'universalisme prôné par les Nations unies et l'Unesco à l'issue de la Seconde Guerre mondiale.

En général, les histoires de la population ne retiennent que la première facette. À tout prendre, il ne s'agit pourtant que d'une série de chiffres hypothétiques partant de quelques hommes à l'époque de Cro-Magnon pour arriver aujourd'hui à plus de 6 milliards d'individus. Quel intérêt ces chiffres présentent-ils si l'on ne sait pas les relier à d'autres portant sur différents caractères de la société humaine ni à des événements pour lesquels on dispose d'une interprétation ? À l'instar de bien des spécialistes, certains démographes répondront qu'une telle question ne les concerne pas, qu'ils produisent seulement des chiffres afin que d'autres puissent les utiliser, qu'ils rendent modestement service à la science à laquelle ils apportent leur petite brique. L'ennui est qu'il n'existe guère de maçons pour tirer parti de ces tas de briques qui s'accumulent. Pourquoi d'ailleurs compter le nombre des hommes sur terre plutôt que celui des nuages dans le ciel ou des vagues sur l'océan ?

C'est là que l'utilité de la seconde facette apparaît. Elle procède très différemment de la première en faisant appel à l'histoire et à la philosophie : pourquoi la notion de population mondiale apparaît-elle si tardivement ? quel est son rôle dans la philosophie politique ? dans la religion ? quelles divisions de l'humanité en blocs culturels, économiques et sociaux qui luttent entre eux se dissimulent sous son enveloppe œcuménique ? en quoi diffère-t-elle des populations nationales, régionales, locales ?

C'est à ces questions que ce petit livre s'intéresse et, comme son titre l'indique, il en arrive à se poser l'ultime interrogation : la population mondiale en tant que nombre ne serait-elle pas dépourvue de sens, sans rapport direct avec d'autres quantités globales comme les subsistances ou l'énergie ? ne serait-elle qu'un leurre au service de causes qu'il faut à chaque fois tenter d'identifier ?

L'invention de la population mondiale

La population de la terre a dépassé les 7 milliards d'habitants à fin 2011. C'est beaucoup. En 1971, dans son ouvrage *La Bombe P*, l'écologiste Paul Ehrlich, professeur à l'université Stanford, estimait que la Terre ne pouvait pas accueillir plus de 1 milliard de personnes. Dans une interview au *Courrier de l'Unesco* datant de novembre 1991, le commandant Cousteau, infatigable défenseur de la faune marine, plaçait la barre plus bas encore, à 700 millions. Or les Nations unies prédisent maintenant 9 milliards d'humains pour le milieu du XXIe siècle. Comment vont-ils survivre ?

Gouvernement et population

Avant de répondre à cette question, on doit s'interroger sur sa nature même, car elle est très récente : elle aurait paru incompréhensible à un Égyptien, un Grec ou un Romain, à un homme du Moyen Âge ou de la Renaissance. La notion même de population leur était étrangère. Ils connaissaient le nombre de citoyens d'une ville ou d'un Empire, ils les recensaient parfois pour lever l'impôt et recruter la milice, mais ils n'allaient pas au-delà de ces considérations matérielles. Ils s'interrogeaient sur le destin de leurs cités et de leurs Empires, mais ils ne l'assimilaient pas à celui de leur population. Ils comptaient sur la force de leurs armes et sur la richesse de leurs princes, non sur le nombre de leurs habitants. À l'aube des temps modernes, en 1587, Giovanni Botero, le théoricien de *La Raison d'État*, écrit à ce propos que « toujours les grands capitaines font état de la bonté plus que de la multitude de leurs soldats » (« bonté » signifiait pour lui valeur militaire), car « la force d'une armée gît plutôt en l'ordre qu'au nombre». Trois cent trente ans plus tard, au moment de la guerre de 1914, l'état-major français pensera exactement l'inverse, avec sa théorie des vagues d'assaut qui conduisirent au massacre de centaines de milliers de pioupious. Pour que les importances respectives de la qualité et de la quantité s'inversent, plusieurs mutations mentales ont été nécessaires.

La première d'entre elles a été de dépasser la pensée de Machiavel, qui assimilait la politique à d'infinies manœuvres cyniques faites d'alliances entre les groupes sociaux à l'intérieur et entre les principautés voisines à l'extérieur. À la fin du XVIe siècle, Giovanni Botero et, surtout, Jean Bodin posent les fondements de la gestion moderne des États. Il faut d'abord distinguer l'État du gouvernement, postule Bodin. L'État existe dans la durée. Il se définit par des institutions politiques et un territoire, ou tout au moins par une série de possessions. Le gouvernement est le moyen par lequel l'État se conserve et se développe, la conservation passant avant l'extension. Pour cela, le gouvernement s'appuie sur la population et sur la capacité productive de cette dernière, *on hands and land* (« sur les bras et sur la terre »), comme l'écrira plus tard William Petty. De masse amorphe, seulement susceptible d'être rançonnée par le fisc et la troupe, la population devient l'origine et la source de la richesse et de la puissance des États. Dans son cours intitulé « Sécurité, territoire, population », Michel Foucault a nommé « gouvernementalité » ce tournant décisif de la pensée politique, désignant ainsi l'art de gouverner la population. Ni Botero ni Bodin ne parlent encore de population. Pour évoquer le nombre des hommes, ils utilisent des termes comme « peuple » ou « multitude du peuple », ou encore des périphrases comme « nombre des habitants » ou « quantité du peuple ». Bodin le résumera par une sentence célèbre, que l'on cite encore aujourd'hui : « Il n'est de richesse que d'hommes. »

Bodin et Botero sont des juristes, ils éprouvent une certaine difficulté à séparer la qualité de la quantité, comme on vient de le voir à propos de la force militaire. Ils y sont poussés par l'ensemble de la tradition littéraire antique, qui accorde davantage de valeur à l'intelligence, la ruse et la cohésion qu'au nombre. C'est ainsi que les petites cités grecques ont tenu en échec l'Empire perse, c'est ainsi que les légions romaines se sont imposées sur toutes les rives de la Méditerranée. Les chiffres les plus fantaisistes, extraits des auteurs anciens ou médiévaux, renforcent la croyance en la vertu de la « bonté » des soldats, comme dans le récit des 320 000 guerriers arabes défaits par la petite escouade de Charles Martel devant Poitiers – l'historiographie arabe ne comporte aucune mention de cette aventure. Pour que la quantité paraisse plus importante que la qualité, pour que le nombre l'emporte sur la « bonté », il fallait que des théoriciens convaincus de l'importance de la mesure entrent en lice. Ils le feront, par l'intermédiaire du philosophe anglais Francis Bacon.

Qualité ou quantité des hommes ?

Bacon avait lu attentivement Bodin et Botero. Homme politique, il était aussi intéressé par les sciences en général : on lui doit des traités sur les vents, les météores, le climat. Il avait conçu un gigantesque projet encyclopédique *on the advancement of learning* (« sur le progrès du savoir »), où tous les savoirs humains seraient exposés sous une forme systématique. En 1597, dans l'un des essais préliminaires à cette grande œuvre, il est le premier à écrire le mot « population », sans lui donner encore exactement son sens moderne. Il récidive en 1621, dans les mises à jour des *Essais* et dans leur traduction latine, et précise sa pensée dans leurs dernières publications, en donnant comme cinquième injonction à la « grandeur de la Grande-Bretagne » : « De tous les biens nécessaires à la puissance d'un pays, la population est le plus important. » Mais il n'est pas convaincu de la nécessité de mesurer précisément cette dernière. Il continue à mettre en balance quantité et qualité quand il compare la

France et l'Angleterre : « Il peut y avoir grande population et faible force. Cela n'a jamais été mieux vu qu'en comparant la France et l'Angleterre. Bien que l'Angleterre ait été bien moindre en territoire et population, elle l'a cependant emporté : la classe moyenne anglaise fournit de bons soldats, ce que ne sont pas les paysans français. » On aurait pu en rester là, la notion de population demeurant assez vague, combinant nombre et valeur, et poursuivre dans le domaine guerrier les interminables discussions de la *Politique* d'Aristote sur l'égalité par le nombre, principe des démocraties, et l'égalité par la vertu, principe des oligarchies. Mais un événement inattendu s'est produit avec l'intervention d'un jeune assistant de Bacon, du nom de Thomas Hobbes.

Hobbes avait été engagé pour aider à la traduction latine de *The Advancement of Learning* de Francis Bacon. Il eut donc le temps de se pénétrer des idées de l'auteur. Plus que ne le faisaient Botero, Bodin ou Bacon lui-même, Hobbes privilégiait la mesure des phénomènes, qu'il plaçait au-dessus de tout, et en particulier de leur qualité substantielle. Il avait acquis cette certitude tout jeune homme, à l'époque où, précepteur de l'extravagante famille Cavendish, lors d'un voyage en Italie, il fit la connaissance de Galilée. Il se remémorait encore cette rencontre décisive dans ses vieux jours, qui furent effectivement très vieux puisqu'il bénéficia d'une santé exceptionnelle jusqu'à sa mort, à l'âge de quatre-vingt-onze ans. Même si des doutes sérieux courent sur la réalité des expériences que Galilée prétendit avoir effectuées, il est certain qu'il introduisit l'idée de mesure empirique dans la mécanique.

Longtemps après avoir assisté Bacon, Hobbes transposa la méthode de Galilée au monde politique et social. C'était en 1647, lors de son exil en France. Toujours au service des Cavendish, il composait alors la version anglaise de son *Léviathan*[1], le livre qui codifierait les fondements modernes du pouvoir. Dès le début de l'ouvrage, Hobbes compare la société à un automate mécanique dont le cœur est un ressort, les nerfs des cordes et les articulations des rouages. Étudier la société, c'est analyser cet automate, « ce grand Léviathan appelé une république ou un État ». Pour cela, il faut utiliser la mesure et surtout le calcul car, quand l'homme raisonne, il ne fait qu'appliquer le calcul dans sa forme la plus élémentaire de l'addition et de la soustraction. Si, naturellement, les arithméticiens utilisent ces deux opérations et leurs combinaisons en multiplication et division, les géomètres font de même avec les lignes, les angles, les vitesses et les forces, les logiciens « ajoutant deux termes pour faire une affirmation et deux affirmations pour faire un syllogisme [...]. Les écrivains politiques additionnent les contrats pour déterminer les devoirs des hommes et les juristes, des lois et des faits pour déterminer ce qui est juste. » En somme, conclut Hobbes, « partout où l'on trouve additions et soustractions, on trouve la raison et lorsqu'on ne les trouve pas, la raison n'y a pas sa place ».

L'invention de l'égalité des hommes

Malgré ces proclamations en faveur de la mesure et son stage chez Bacon, Hobbes ne s'intéressa ni à l'économie ni à la population ; ce dernier mot ne figure dans aucune de ses œuvres. Il fit néanmoins entrer l'idée de population dans l'histoire humaine de deux manières : en donnant pour la première fois au monde une définition précise de l'égalité entre les hommes et en engageant comme assistant un jeune garnement anglais, William Petty, qui allait créer la démographie quelques années plus tard.

La définition de l'égalité par Hobbes mérite qu'on lui accorde une grande attention, car elle est indispensable à la définition d'une population : on ne peut grouper des éléments en un même ensemble et compter leur nombre que si on les considère comme égaux d'un certain point de vue. Il n'y a pas d'addition possible sans définition d'une égalité. C'est la raison profonde pour laquelle la notion de population ne pouvait pas exister dans l'Antiquité ni au Moyen Âge. Il était en effet impensable de considérer comme égaux d'un quelconque point de vue les citoyens libres et les esclaves, les hommes et les femmes, les adultes et les enfants, donc impossible de les additionner. Les esclaves, notamment, n'étaient pas comptés parmi les personnes, mais parmi les biens (ils l'étaient encore au XVIIIe siècle aux Antilles, dans le tristement fameux *Code noir*). Pour surprenante qu'elle puisse paraître, la définition de Hobbes s'inspire de la guerre civile anglaise qu'il a fuie, des récentes guerres de religion françaises dont il connaît la férocité et de la guerre de Trente Ans en Allemagne dont il observe les derniers soubresauts. Au chapitre XIII du *Léviathan*, Hobbes constate que « les hommes sont par nature égaux [car] la Nature a fait les hommes si égaux de corps et d'esprit que même si on peut trouver un homme plus robuste ou plus intelligent qu'un autre, toutes choses prises ensemble, la différence entre un homme et un autre n'est pas si grande que l'un ne puisse pas réclamer pour lui ce que l'autre réclame aussi. Car, en matière de force physique, le plus faible des deux a suffisamment de force pour tuer le plus fort soit par secrète machination, soit en se faisant aider par d'autres qui courent le même danger que lui. » Hobbes poursuit la même démonstration en matière d'esprit, puis d'expérience. Il fonde donc l'égalité des hommes négativement, mais il la fonde totalement. Désormais, un esclave, un Indien, une femme, un jeune sont égaux à tout citoyen, car chacun peut user d'une « secrète machination » pour abattre ce citoyen.

Le frontispice qui orne la couverture originale du *Léviathan* (figure 1, p. suivante) rend bien compte à la fois de l'égalité qu'introduit Hobbes et de sa réalisation dans un État dirigé d'une main de fer par un souverain, terme qui ne désigne pas forcément un monarque, mais éventuellement une oligarchie ou même une démocratie. Ce frontispice donne à voir une foule de petits hommes tous différents à l'examen, mais devenus semblables, car ils composent le corps « artificiel » du souverain. Ce dernier

Figure 1 : Frontispice du *Léviathan* de Hobbes.

porte, d'un côté, l'épée, qui protège les sujets des ennemis extérieurs, et, de l'autre, la balance de la justice, car il doit faire régner un ordre juste à l'intérieur de l'État. Au-dessous de lui s'étend le territoire, qu'il domine et qui, avec la population, constitue l'autre composante de l'État. Le titre choisi par Michel Foucault pour son cours de 1977-1978, « Sécurité, territoire, population », est ainsi merveilleusement illustré (bien que, curieusement, Foucault ne se soit guère arrêté sur Hobbes cette année-là).

D'Adam à la fin du monde : le premier compte de la population mondiale

Hobbes n'a pas tiré toutes les conséquences de sa définition du point de vue de la mesure, notamment avec la notion de population, qui demeure implicite dans le *Léviathan* ; mais son assistant Petty le fera. Tout comme Hobbes avait été engagé pour traduire en latin les livres de Bacon, Petty, alors tout jeune homme, eut pour tâche la réalisation des figures du livre d'optique que Hobbes rédigeait en même temps que le *Léviathan*. Petty quitta bientôt Hobbes, étudia les mathématiques et la médecine en Hollande, revint participer à la guerre civile anglaise, fut nommé professeur à Cambridge, puis chargé d'un recensement de l'Irlande (non pas pour compter les habitants, mais pour les regrouper dans la plus stérile des provinces, le Connaught, afin de répartir les terres des autres provinces entre les vétérans de la sauvage guerre d'Irlande et les cinquante financiers qui l'avaient soutenue, les *adventurers*). Revenu à Londres, il trouva une place de précepteur royal grâce à Hobbes, qui était du parti du roi, fonda avec onze amis la *Royal Society*, première académie moderne des sciences (qui existe toujours), et publia deux ouvrages en 1661, l'un anonymement, *Le Traité des taxes et des contributions*, qui propose une réforme radicale des finances anglaises, et l'autre, sous le nom d'un ami, John Graunt, les *Observations naturelles et politiques*, unanimement considéré comme le premier ouvrage sur la population jamais écrit.

À maints égards, les *Observations naturelles et politiques* représentent une application pratique des thèses du *Léviathan*.

Pour la première fois, Petty additionne et soustrait les décès en les classant par cause et par année, pour la première fois, il construit une table de mortalité en utilisant, comme le voulait son maître, additions, soustractions, multiplications et divisions. Il fonde alors une école qu'il baptise, à juste titre, « école de l'arithmétique politique ». Il réutilisera cette expression dans le titre d'essais ultérieurs. Il peut désormais se lancer dans la comparaison des populations d'hommes et de femmes, ou dans celle des populations de Paris et de Londres. Dans l'un de ses derniers essais, il franchit sans doute l'ultime obstacle à la mesure de la population en tentant de chiffrer l'évolution de celle du monde entier depuis les origines. Le prétexte peut prêter à sourire : il désire démontrer que, contrairement à ce que disent les mécréants et les païens, il existe sur terre assez de matière pour recomposer, au jour du Jugement dernier, les corps de tous les hommes ayant vécu sur terre depuis Adam. Il se lance alors dans un calcul étourdissant (tableau 1), partant d'une population de deux personnes (Adam et Ève), pour noter ensuite la date de chaque doublement de la population en fonction des indications qu'il trouve dans la Bible. Arrivé au Déluge, logiquement, il remet le compteur à huit personnes (Noé, ses trois fils et leurs quatre épouses), puis reprend la liste des périodes de doublement jusqu'en 1680, date de son calcul. À son époque, il pense que le rythme a considérablement ralenti pour s'établir à un doublement tous les mille deux cents ans. Comme la population du monde s'élève alors à 320 millions de personnes, pense-t-il, il estime qu'en cinq redoublements la terre sera entièrement remplie, car l'on comptera « deux personnes par acre cultivable ».

Cinq redoublements dont chacun se fait en mille deux cents ans correspondent à une durée de six mille ans. Selon les calculs de Petty, la population du monde sera alors (en l'an 7680) de $320\,000\,000 \times 2^5$ soit un peu plus de 10 milliards de personnes, ce qui est, soit dit en passant, le chiffre que donne l'hypothèse haute des Nations unies pour 2040. Alors,

Période de doublement	Années depuis le Déluge	Nombre d'humains
10 ans	1	8
	10	16
	20	32
	30	64
	40	128
	50	256
	60	512
	70	1 024
	80	2 048
	90	4 096
	100	8 000 et plus
20 ans	120	16 000
	140	32 000
30 ans	170	64 000
	200	128 000
40 ans	240	256 000
50 ans	290	512 000
60 ans	350	1 000 000 et plus
70 ans	420	2 000 000
100 ans	520	4 000 000
190 ans	710	8 000 000
290 ans	1 000	16 000 000 à l'époque de Moïse
400 ans	1 400	32 000 000 à l'époque de David
550 ans	1 950	64 000 000
750 ans	2 700	128 000 000 à peu près à la naissance du Christ
1 000 ans	3 700	256 000 000
1 200 ans	4 000	320 000 000

écrit Petty, comme l'annoncent les Écritures, il se produira un grand bouleversement, autrement dit la fin du monde. Ayant ainsi déterminé l'évolution de la population mondiale du début du monde (Adam) jusqu'à sa fin (l'apocalypse), Petty peut chiffrer le nombre total d'humains qui auraient alors vécu sur terre. Sa sommation approximative (le calcul intégral est en train d'être inventé par Newton, son jeune collègue de la *Royal Society*) donne 80 milliards d'humains au total. Pour reconstituer leurs corps, au jour du Jugement dernier, une épaisseur de 40 cm de la surface de l'Irlande suffira, conclut-il avec une certaine désinvolture de la part d'un homme que le pillage de l'Irlande a considérablement enrichi. Les Écritures ne sont donc pas prises en faute : il n'y a pas d'obstacle matériel – ici le terme prend tout son sens – à la résurrection des corps.

Tableau 1 : Population de la terre depuis le Déluge telle qu'elle a été calculée par Petty dans son *Essai d'arithmétique politique.*

Cet *Essai* de Petty peut faire sourire aujourd'hui (bien qu'une petite moitié du peuple américain croie encore au récit biblique de la Création et non à la théorie de l'évolution), mais il fournit une balise importante à notre sujet : l'avenir de la population mondiale. C'est d'abord la première fois qu'un calcul utilise explicitement ce concept de population mondiale. Avec Petty, ce qui était parfois nommé « genre humain » ou « race humaine » d'un point de vue qualitatif acquiert un contenu purement quantitatif, qu'il a conservé depuis lors. Ensuite, dès son origine, le thème de l'évolution mondiale est associé à celui de cette fin des temps. En d'autres termes, il est eschatologique. Novateur par son chiffrement, Petty s'inscrit pourtant dans le fil de son époque, qui pense que la fin des temps est proche. Rare au Moyen Âge, le thème s'était imposé à la Renaissance. L'une de ses manifestations les plus remarquables se produit en 1521, à Munster, où les anabaptistes se laissent enfermer puis massacrer, persuadés que la fin des temps aura lieu au cours même de l'année. Peu de temps après, dans ses propos de table, Luther affirme que la destruction du monde surviendra moins de dix ans plus tard, étant donné la vitesse avec laquelle les choses se dégradent. Croyances de fanatiques, d'illuminés, de sectes, comme celle du Temple solaire à notre époque ? Non, croyance commune et défendue particulièrement par les élites. L'un des exemples les plus frappants en est sir John Napier, baron de Merchiston, l'inventeur des logarithmes népériens. Si son petit ouvrage sur les « merveilleux logarithmes », composé en 1604, et son calcul extraordinairement précis des logarithmes des 10 000 premiers nombres forcent encore l'admiration aujourd'hui, il a consacré auparavant (en 1597) un ouvrage à la détermination de la date du jugement dernier en fonction des indications trouvées dans les textes sacrés. Il aboutit à la conclusion que l'apocalypse se produira soit en 1688, soit en 1700, donc peu de temps après. De nombreux ouvrages paraîtront à cette époque sur le sujet. Plus tard, Newton s'y intéressera dans un livre sur la prophétie de Daniel et sur l'Apocalypse de saint Jean, sans donner de date précise. Cependant, dans ses notes manuscrites conservées à la bibliothèque nationale de Jérusalem, il avance la date de 2060.

Population et catastrophe finale

L'historien allemand Reinhart Koselleck a consacré un important travail à cette question sous le beau titre *Le Futur passé*, paru en 1979. Il estime que la conception moderne de l'histoire ne pouvait pas apparaître tant que le mur de la fin des temps n'était pas abattu. En effet, contre cette barrière, tous les événements viennent en quelque sorte s'aplatir, légitimant tout anachronisme. Koselleck note qu'à partir de la fin du XVIe siècle l'horizon de la fin du monde recule. Effectivement, nous venons de le voir passer de un an chez les anabaptistes à dix ans chez Luther, puis à une centaine d'années chez Napier, enfin à six mille ans chez Petty[2]. Progressivement, au XVIIIe siècle, la barrière s'éloignera encore, jusqu'à disparaître à l'infini. Koselleck place cette rupture à la Révolution française, avec les textes de Condorcet et les discours de Robespierre promettant un avenir radieux : désormais, l'horizon n'est plus la fin du monde, mais un progrès « indéfini », écrira Condorcet, autrement dit... des lendemains qui chantent. Il voit, dans l'éloignement progressif de la date de la fin des temps, l'avancée, elle aussi progressive, des États modernes, qui créent ainsi l'espace de leur action et de leurs projets à long terme. Le mouvement commence à la paix d'Augsbourg, avec le principe *cujus regio ejus religio* (« telle la religion [du prince], telle celle du pays »), qui assujettit la religion des sujets à celle du prince, donc la religion à l'État, et il se termine sous la Révolution, avec la constitution civile du clergé en 1790-1791. Dans ce contexte, le calcul de Petty prend une tournure moins anecdotique. Lui aussi participe à l'extension du temps laissé à l'État pour développer son action, ce qui est dans la logique de son arithmétique politique. On sait d'ailleurs qu'en bon disciple de Hobbes il n'était pas croyant mais vaguement théiste et n'appréciait la religion que dans la mesure où elle pouvait seconder l'État. Sans le préméditer, il a associé population et calcul de la fin des temps. Écartée de l'horizon politique, l'eschatologie s'est réfugiée dans le domaine démographique, où elle reste encore présente.

Elle le doit aussi à Thomas R. Malthus, auteur du célèbre *Essai sur le principe de population*, publié en 1798, dans lequel il a livré l'un des derniers combats millénaristes[3]. Explicitement, le titre complet de l'*Essai* annonce des *remarques sur les théories de Mr Godwin, de M. Condorcet et d'autres auteurs*, auxquels il reproche leur foi dans un progrès illimité de l'humanité. Contrairement à une idée répandue, Malthus n'est pas hostile à la croissance démographique, qui fournit au contraire le ressort millénariste de son modèle. Il estime seulement que la croissance exponentielle de la population (série géométrique : 2, 4, 8, 16, 32…) vient inéluctablement se briser sur la croissance linéaire des subsistances (série arithmétique : 2, 4, 6, 8, 10…). Une telle croissance linéaire est le ressort du salut spirituel de l'homme, explique Malthus dans ses deux derniers chapitres (que le lecteur pressé zappe parfois). Si Dieu n'avait pas créé le principe de population selon lequel la croissance de cette dernière, en dépassant celle des subsistances, oblige à défricher de nouvelles terres et à les cultiver plus intensivement, les hommes seraient demeurés paresseusement « tels des bergers d'Arcadie », écrit-il. Rien n'aurait hâté la fin des temps. Grâce à la tension qu'intime le principe de population, la population du monde s'accroît lentement mais sûrement, ce qui la dirige vers sa fin. À vrai dire, comme Malthus était, malgré son hostilité à la Révolution française, influencé par les Lumières (la légende veut que son père, Daniel, admirateur des philosophes, ait hébergé Rousseau durant son exil anglais), il a atténué sa démonstration en supposant qu'à mesure que la population s'accroissait, et donc que l'on approchait de la catastrophe finale, l'homme gagnait en spiritualité, si bien qu'au dernier moment, peut-être, il échapperait à l'apocalypse, devenu pur esprit capable de monter au ciel sans l'encombrement d'un corps matériel[4] : autre solution au problème traité par Petty.

L'entrelacement des thèmes de la population et de l'apocalypse permet de mieux comprendre le catastrophisme dont la démographie est porteuse dans l'opinion. En elle s'est cristallisée cette ancienne crainte, et peut-être cet ancien espoir, de la fin des temps. Alors que la poursuite du progrès technique et scientifique ne fait guère de doute pour personne, quitte à en modifier la direction, la démographie reste figée dans cette ancienne configuration prédarwinienne ou créationniste. Elle est le lieu où la catastrophe se déclenchera. Ce sera, au choix, la dépopulation pour les politiques français du XXe siècle, la surpopulation pour la plupart des experts et des institutions internationales depuis 1945, le vieillissement de la population maintenant que l'explosion de la population mondiale semble faire long feu. Les rodomontades d'Ehrlich, de Cousteau et de beaucoup d'autres ne sont donc pas la manifestation d'esprits clairvoyants capables de lire l'avenir, mais le retour aux sources de l'une des tendances les plus archaïques de l'usage de la population mondiale.

Divisions de la population mondiale en classes et en races : 1800-1945

Petty avait considéré la population mondiale en général, en faisant abstraction des différences économiques et sociales entre les hommes. Il avait aussi comparé le nombre d'habitants de Paris et de Londres. À sa suite, les auteurs politiques et économiques s'intéresseront à des territoires de toutes tailles, du plus petit village au monde entier en passant par les États, mais sans utiliser encore le mot « population » : ils parlent de « nombre du peuple », « nombre d'habitants », « populosité »[5]. Et subitement, au milieu du XVIIIe siècle, « population » fait irruption et devient à la mode. On peut donner une idée de sa vogue en comparant le nombre de livres citant ce mot au nombre de ceux qui utilisent celui de « peuple ». Réalisé sur plusieurs périodes comprises entre 1600 et 1850 à partir d'ouvrages recensés dans la bibliothèque virtuelle Gallica, le tableau 2 en donne une bonne idée.

Ce tableau montre non pas l'explosion de la population, mais celle du mot « population ». Comme Michel Foucault l'a montré en caractérisant le biopouvoir, le concept de population s'appuie certes sur le nombre d'habitants, mais il sous-entend une substance subtile et durable participant de l'ordre de la société, de la culture, de l'interconnaissance. En cette fin de XVIIIe siècle, ce qui était considéré comme un automate chez Hobbes se transforme en un organisme – insensiblement, on glisse de la mécanique à la biologie. Or il existe une profonde différence entre les deux : un automate est constitué de rouages dont aucun n'est un automate, tandis qu'un organisme est fait d'organes qui lui ressemblent. On ne confondra jamais un

Période	« Population »	« Peuple »	« Population »/ « Peuple »
1600-1700	1	270	0 %
1700-1750	0	273	0 %
1750-1770	78	450	17 %
1770-1790	268	761	35 %
1800-1850	2 578	5 342	48 %
1850-1860	1 269	2 108	60 %

Tableau 2 : Nombre de livres citant les mots « peuple » et « population » dans la bibliothèque électronique Gallica.

rouage avec l'automate dont il fait partie, tandis que l'organe sera étudié de la même manière que l'organisme. Pour Hobbes, les rouages des automates étaient formés par les institutions – parlements, tribunaux, universités... – dont la nature et l'origine différaient entièrement de ceux de l'État, ne serait-ce que par la fondation de ce dernier, qui repose sur un pacte. Les organes de la population, qui sont des sous-populations, gardent le caractère d'une population et commencent à être analysés en tant que tels. La division en sous-populations, pratiquement sans limite, commence avec les classes sociales de Malthus, avant de s'orienter vers les races à partir de la publication de *L'Origine des espèces* par Darwin.

Malthus : population et subsistances

Pour construire l'opposition entre la croissance de la population et celle des subsistances, Malthus est obligé de distinguer trois classes sociales dont le comportement démographique diffère nettement : la classe supérieure des propriétaires fonciers, qui vivent de la rente ; la classe des artisans et des fermiers, qui mettent en œuvre leur fonds (commerce ou terres) ; et la classe des travailleurs, qui vendent leur force de travail aux artisans et aux fermiers contre un salaire ou qui se placent comme domestiques chez les propriétaires. Chacune de ces classes suit un régime démographique particulier. Les propriétaires rentiers évitent de faire trop d'enfants en se mariant tard ou en restant célibataires (ce que Malthus désigne par l'expression « contrainte morale »), exerçant ainsi un contrôle (« frein préventif ») sur leur effectif. En effet, les rentiers qui ne maîtriseraient pas leur fécondité se condamneraient ou condamneraient leurs enfants à une descente sociale : « Un homme de haute éducation, mais disposant d'un revenu juste suffisant pour figurer dans la classe des gentilshommes, doit être absolument sûr qu'en se mariant et en fondant une famille, il sera obligé, pour peu qu'il fréquente la société, de se mettre au rang des agriculteurs moyens et des petits commerçants.[6] » La classe des artisans et des paysans exploite un nombre fixe d'établissements. Pour que l'un d'entre eux puisse se marier ou, plus exactement, s'établir, il faut qu'une exploitation se libère par le décès ou l'émigration de son tenancier. En l'absence de crise, l'attente risque d'être longue. Comme dans la classe supérieure, le mariage tardif et le célibat assurent la régulation de cette population, mais, cette fois-ci, mécaniquement, sans faire appel à la volonté individuelle. Au cours des années 1960, ce système a été qualifié d'« autorégulateur » par les historiens de la période moderne, à un moment où le concept de cybernétique et donc l'idée de régulation étaient en vogue. La dernière classe, celle des travailleurs, vit au jour le jour. Comme elle ne possède pas de fonds lui assurant une rente et qu'elle ne peut en prendre un en fermage, elle est moins prévoyante que les deux autres. Les mariages y sont plus précoces, les familles plus nombreuses, ce qui entraîne une croissance démographique et, à terme, la crise de surpopulation au cours de laquelle la mortalité, particulièrement celle des enfants, grimpe en flèche, constituant, dans le langage de Malthus, un « frein positif » ou « actif ».

Un tel système ne laisse guère d'espoir aux pauvres : l'ascension sociale n'est pas envisagée ; au contraire, la descente sociale guette ceux qui proviennent de familles prolifiques. Malthus est vigoureusement opposé à tout exercice de la charité, en l'occurrence aux *Poor Laws*, ces « lois des pauvres » obligeant les paroisses à entretenir les personnes démunies qui en étaient originaires. Ces lois étaient au centre du débat politique de la fin du XVIIe siècle. Malthus soutenait que, si elles soulageaient la misère à court terme, les *Poor Laws* l'accroissaient à long terme en encourageant les pauvres à ne pas limiter leur famille, puisqu'ils seraient aidés, et en dépréciant les salaires, donc les encouragements à accroître le fonds.

La multiplication des subsistances au XIXe siècle

La théorie malthusienne reposait sur une vision assez réaliste de la société de son époque. Cependant, l'un de ses éléments les plus importants a rapidement été remis en cause : celui des limites de la production agricole. À cette époque, tous les engrais étaient biologiques (engrais verts – obtenu à partir de plantes à croissance rapide – ou fumier). Le seul moyen de faire progresser la productivité était de disposer de plus d'engrais, donc de plus d'animaux – ce qui signifiait immobiliser des pâtures pour les nourrir – ou de plus d'engrais verts, ce qui bloquait aussi des terrains. Une limite infranchissable existait donc. Aussi la découverte des engrais minéraux par Justus von Liebig au début du XIXe siècle changea-t-elle radicalement la situation. Désormais, il devint possible d'accroître les rendements sans immobiliser davantage de terrain agricole. Les progrès de l'agriculture furent d'ailleurs si rapides à l'époque qu'ils engendrèrent un enthousiasme parfois démesuré. Dans sa correspondance avec Engels, Marx témoigne notamment d'un grand intérêt pour les moyens d'accroître les rendements avec des substances chimiques ou en captant l'électricité statique.

Dans les ouvrages de Marx, les ouvriers – les prolétaires – restent en bas de l'échelle sociale et continuent de se reproduire rapidement, comme leur nom l'indique (*proles* signifie « progéniture » en latin), mais ils ne sont plus menacés par le manque de subsistance et donc par une surmortalité de crise, puisque les rendements agricoles augmentent avec la demande de nourriture. Leurs patrons capitalistes les maintiennent socialement à un niveau leur permettant de survivre, constituant ainsi une armée de réserve de plus en plus nombreuse et menaçante à mesure qu'elle prend conscience de son importance et de sa force.

L'accroissement de la population en Angleterre eut une autre cause : l'ouverture des frontières aux blés étrangers, notamment polonais, par l'abrogation des *Corn Laws*. Malthus s'y opposa, conscient que l'autarcie était nécessaire à son système, mais il ne fut pas suivi cette fois, car l'industrie, qui trouvait son compte à un bas prix du blé, était devenue plus puissante que l'agriculture. Entre 1800 et 1900, la population anglaise passa de 10 millions à 40 millions de personnes. Elle put se nourrir grâce à l'importation des blés jusqu'au blocus de la Seconde Guerre mondiale, qui redonna un coup de fouet à son agriculture. Aujourd'hui, avec 60 millions de personnes, elle est exportatrice de céréales.

La limite des subsistances permettant de nourrir une population croissante était repoussée et la date du jugement dernier devint une vieille lune. Le XIXe siècle ne sentait plus peser sur lui la menace d'un déséquilibre global entre population et subsistances. Mais la coupure entre la forte fécondité des ouvriers et la faible fécondité des classes supérieures prit un jour nouveau avec la parution de la théorie de l'évolution de Darwin et, plus encore, avec les interprétations qui en furent faites en termes de classes puis de races par les darwinistes sociaux et les eugénistes, qui crurent trouver une justification à leurs théories dans les ouvrages de Darwin. Ce dernier reconnut néanmoins l'importance qu'avait revêtue l'*Essai sur le principe de population* de Malthus pour la théorie de l'évolution. Bien sûr, Darwin ne fut pas intéressé par le modèle social de Malthus, mais par l'idée que toute population animale venait buter contre un plafond de subsistances. Il en déduisait que le patrimoine héréditaire des individus qui engendraient la plus grande descendance l'emportait sur celui des autres, ce qu'il qualifia de « survie des plus adaptés », expression qui est, aujourd'hui encore, source de confusion. En effet, on oublie souvent que les plus adaptés ne le sont pas en tant que tels, mais dans un environnement donné. Avec Darwin, les dernières traces de la pensée eschatologique ou téléologique disparaissent, l'évolution est un processus aveugle qui se déroule au hasard, car il est impossible de déterminer quel sera l'organisme le plus adapté au fur et à mesure que l'environnement se modifie et modifie en retour les organismes des êtres vivants qui l'habitent.

L'invention des races humaines

Bien que Darwin ait clairement écarté l'espèce humaine de sa théorie pour n'en traiter que dans un livre ultérieur, *La Filiation de l'homme et la sélection liée au sexe*, la notion de survie des plus adaptés fut rapidement appliquée aux hommes. Mais il fallut se rendre à l'évidence : les riches engendraient décidément nettement moins de descendants que les pauvres. Francis Galton, un cousin de Darwin, montra que les lords et pairs anglais allaient vers l'extinction et Émile Littré que la descendance des hommes célèbres était réduite. Comme l'exprima ensuite le généticien et statisticien Ronald Fisher, dans le genre humain, la sélection semblait aller à rebours : les lignées qui avaient le plus grand succès social se reproduisaient beaucoup moins que celles qui accumulaient les échecs. Des nobles et des familles particulières, on glissa aux races, que l'on avait commencé à décrire sur la base de caractères visibles (couleur de peau chez Emmanuel Kant, Lorenz Oken et Johann Friedrich Blumenbach), puis de caractères plus sophistiqués obtenus par des mesures du crâne réalisées par Paul Broca à partir de 1859[7]. Dans son ouvrage sur la création naturelle, le grand biologiste Ernst Haeckel, qui popularisa l'œuvre de Darwin en Allemagne, publia des tableaux montrant l'évolution des douze races humaines principales (figure 2). Progressivement s'installa l'idée que les classes sociales correspondaient à des races et que leur lutte était comparable à celle que vivaient les espèces pour assurer leur survie. Peu importait que l'on niât ainsi la division du travail, qui rendait toutes les classes dépendantes les unes des autres, alors que l'ours, le lion et la panthère ou le bison et le cheval n'avaient en rien ce type de rapport ; peu importait que les lois de l'hérédité fussent bien plus compliquées qu'un simple héritage direct des caractères, la société humaine fut de plus en plus considérée comme un écosystème au sein duquel différentes espèces sociales se combattaient pour s'imposer.

Dans les décennies qui suivirent la publication de *L'Origine des espèces*, des explications sociologiques de la différence de fécondité entre riches et pauvres furent avancées. Certains mirent en cause l'éducation chrétienne, particulièrement celle que prodiguaient les jésuites, accusés d'encourager dans leur collège la masturbation, dont

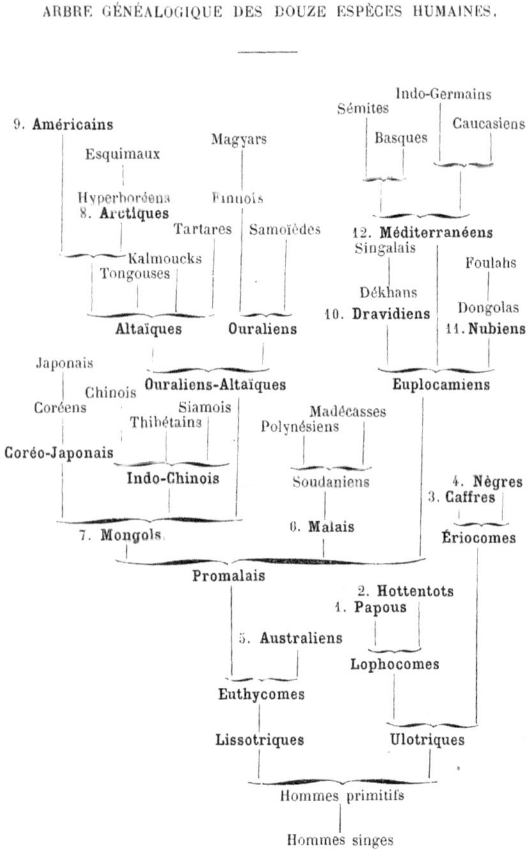

Figure 2 : Classification des races humaines selon Ernst Haeckel, dans *Histoire de la création des êtres organisés d'après les lois naturelles.*

on croyait alors qu'elle gâtait la semence. D'autres (comme Arsène Dumont) accusèrent plus justement la volonté de s'élever dans l'échelle sociale – parfois appelée « capillarité sociale » –, qui provoquait la réduction du nombre d'enfants afin d'éviter le coût important que représentait leur éducation et de consacrer ainsi l'essentiel des moyens à l'amélioration de la position sociale. Dans son dernier roman, *Fécondité*, Émile Zola décrit les turpitudes et le lamentable destin de couples qui n'ont pas voulu avoir d'enfants ou n'en ont eu qu'un seul, par comparaison avec des familles nombreuses, dont l'un des membres n'hésite pas à proclamer que bientôt 100 millions de Français peupleront le delta intérieur du Niger.

Pauvres prolifiques et riches stériles : le défi de l'évolution

Peu avant la guerre de 1914-1918, le ton changea. En 1912, le major Léonard Darwin, l'un des fils de Charles, déclara à l'Eugenics

Society, dont il était président, que le temps de l'eugénique positive – encourager les riches à avoir plus d'enfants – était révolu et que celui de l'eugénique négative – décourager les pauvres, les aliénés, les malades d'avoir des enfants – était venu. Déjà plusieurs États américains (l'Indiana en 1907, l'Iowa en 1911) avaient pris les devants, promulguant des lois imposant la stérilisation des fous, des criminels et des débiles mentaux. Ces lois répondaient à la peur de voir les plus « mauvais » produits de la race humaine devenir dominants dans l'ensemble de la population en raison de leur plus grande propension à se reproduire. On aurait pu penser que la redécouverte des lois de Mendel et les progrès rapides dans la connaissance des mécanismes de l'hérédité calmeraient le jeu, mais il n'en fut rien.

Au contraire, des explications raffinées concernant la sous-fécondité des classes supérieures furent proposées par des savants de premier plan, qui se sont par ailleurs illustrés dans des travaux dont les résultats sont encore aujourd'hui couramment utilisés. On peut en particulier citer les théories de deux d'entre eux, l'Italien Corrado Gini, inventeur d'un indice qui porte son nom, et l'Anglais Ronald Fisher, fondateur de la statistique moderne (l'initiale de son nom a été utilisée pour désigner le principal test statistique, le « F »).

Dans *Nascita, evoluzione e morte delle nazioni,* paru en 1930, Gini soutient, à l'aide d'astucieuses démonstrations, que la baisse de la natalité des pays européens à partir de la fin du XIXe siècle provenait d'un épuisement des facultés procréatrices. Selon lui, à l'image des individus, toute nation (il assimile race et nation) passe par une jeunesse prolifique, une maturité plus modérée et une vieillesse au cours de laquelle elle ne procrée plus. Gini met un soin particulier à réfuter l'idée selon laquelle la baisse de la fécondité résulte d'une extension de la contraception. Certes, explique-t-il, la contraception existe, mais elle est pratiquée par ceux qui sont peu féconds, car ils mettent ainsi leur psychologie en accord avec leur physiologie. Pour lui, les différences de fécondité entre classes sociales correspondaient à des différences de position sur la parabole de l'évolution. Les classes supérieures ont vieilli plus vite que les autres, mais toutes subiront le même destin qui, en dernier ressort, sera celui de la race blanche. Gini ne craint pas la surpopulation, mais l'extinction. En ce cas, écrit-il, d'autres races, indienne, chinoise, malaise, prendront notre place, profitant de la différence de « pression démographique » : elles ne devront pas leur expansion à une forte croissance démographique, mais à la disparition des Européens.

Dans *The Genetical Theory of Natural Selection*, livre fondamental paru aussi en 1930 et dans lequel il démontre un célèbre théorème qui porte son nom, Ronald Fisher déraille tout autant que Gini quand il aborde « l'homme et la société » dans son chapitre VII. Comment se fait-il, s'interroge-t-il, que les inadaptés (*unfits*) aient une fécondité plus forte que les adaptés (*fits*), la théorie de l'évolution prédisant pourtant le contraire ? Le grand généticien que fut Fisher se trompe d'emblée en croyant que les plus adaptés survivent alors que ce sont au contraire ceux qui survivent qui sont considérés comme les plus adaptés, même s'il s'agit des *unfits* selon l'appréciation morale de Fisher. Comment un tel état de fait a-t-il pu s'installer, se demande-t-il, alors que, dans les temps barbares, ce sont les plus forts et les plus courageux qui l'emportaient ? Il explique alors la perte de fécondité des classes supérieures par la conjonction de deux phénomènes : l'héritage égalitaire et les mariages entre riches héritières et hommes doués de grandes capacités. Les héritières sont d'autant plus riches qu'elles sont issues de lignées de filles uniques qui réunissent la fortune de leurs ascendants et la faiblesse de la fécondité. Les hommes de grandes capacités épousent ces héritières pour accéder aux premiers rangs de la société. Ils mêlent ainsi irrémédiablement leur hérédité – celle de leurs capacités – à l'hérédité de leurs épouses – celle de la faible fécondité.

Cet écrémage tend donc à provoquer la diminution de l'aptitude générale de la population. Pour renverser la tendance, peut-être sous l'influence de la lecture de Nietzsche ou plus vraisemblablement de *The Passing of the Great Race* de Madison Grant, Fisher propose d'abolir les privilèges de l'argent et de revenir aux temps barbares. On doute qu'il s'y serait adapté.

La conclusion logique de cette triste épopée intellectuelle peut être lue cinq ans plus tard dans un best-seller mondial publié par le Prix Nobel Alexis Carrel. Dans *L'Homme cet inconnu*, Carrel fusionne la biologie et la sociologie en affirmant que « aujourd'hui, il est indispensable que les classes sociales soient des classes biologiques ». Dès lors, le programme de l'eugénique négative pourra se dérouler dans sa froide cruauté. Carrel propose effectivement que l'on gaze les infirmes, les faibles d'esprit et « ceux qui ont gravement trompé la confiance du public », ce qui représente une catégorie très large (et peut-être une manière indirecte de désigner les Juifs). Désormais, c'est clair, l'ennemi qui pullule, c'est le voisin : c'est le Russe pour l'Allemand, c'est le prolétaire d'une race différente pour Carrel, c'est le brachycéphale qui submerge le dolichocéphale pour les raciologues Otto Ammon et Georges Vacher de Lapouge. La surpopulation n'a plus rien à voir avec les subsistances. La surpopulation, c'est l'autre.

L'autre, mais pas tous les autres, ce qui explique en partie l'oubli des subsistances. En effet, de manière *a priori* surprenante, l'insistance sur le péril d'une disparition de la race blanche (*Les Peuples blancs vont-ils disparaître ?*[8] est le titre de l'ouvrage de l'un des démographes du régime nazi, Friedrich Burgdöfer, en écho à une brochure de Fernand Boverat, Président de l'Alliance pour l'accroissement de la population française, parue trois ans plus tôt[9]) ne se double pas d'une crainte de la croissance des autres continents ou, dans le langage de l'époque, des autres races d'Asie et d'Afrique. L'opinion générale considère en effet que les contrées qui n'ont pas subi l'influence européenne ont une population stagnante : si elles sont densément peuplées, elles le resteront ; si elles sont clairsemées, la colonisation européenne remplira les vides. Comme si le vieil appel à remplir la terre illustré par Petty puis par Malthus demeurait de mise, mais en étant délégué aux seuls Européens de race blanche.

Les continents immobiles

Nous pouvons donner deux exemples de cette croyance en la stagnation des autres continents, tirés des œuvres de deux des plus importants démographes de l'époque : Raymond Pearl, professeur à Columbia puis à Princeton, fondateur et président de l'Union internationale pour l'étude scientifique de la population, et Charles Carr-Saunders, qui dirigea la London School of Economics. En 1923, ce dernier publia *Population*, un ouvrage dans lequel il dresse la carte de ce qu'il estime être la croissance démographique des diverses régions du monde au début des années 1920 (figure 3, p. suivante).

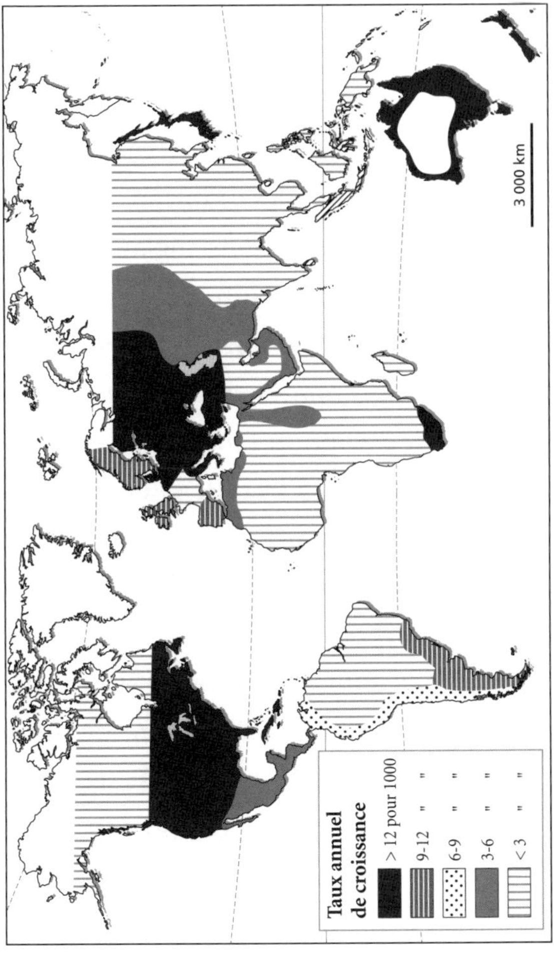

Figure 3 : Croissance de la population des différentes régions du monde selon Charles Carr-Saunders (1923).

La précision du zonage que l'on aperçoit sur cette carte mérite que l'on s'y arrête un instant, car il livre la vision que les pays « civilisés » cultivés avaient alors de la population dans les diverses régions du monde. Il y a d'abord les pays dont les statistiques sont connues et assez fiables : Europe, Amérique du Nord, Japon, dominions anglais, Turquie, Iran, Cuba. Il y a ensuite des régions sur lesquelles de bonnes données existent depuis longtemps : Philippines et île de Java. Dans tous les cas, exception faite de la France, la Belgique, la Suisse, l'Irlande et de l'extrême nord du continent américain, la croissance est dans la catégorie la plus élevée (plus de 1,2 % par an) ou dans la suivante (de 0,9 à 1,2 %). Ce sont des données statistiques objectives. Plus intéressantes sont les autres régions, pour lesquelles on dispose seulement d'indices parfois ténus, ce qui fait courir le risque d'estimations idéologiquement biaisées. Le principe de leur répartition est facile à saisir : plus ces régions ont été colonisées par des Européens, plus leur population s'accroît. Pour mieux le marquer, Carr-Saunders découpe les États par provinces, selon qu'elles ont reçu ou non des immigrés. Ainsi l'Argentine, l'Uruguay et le sud-est du Brésil ont-ils une croissance encore élevée (entre 0,9 et 1,2 %). Mais sur la côte ouest de l'Amérique latine, de la Colombie au Chili, où l'influence européenne a été moindre, la croissance tombe à un niveau plus faible (entre 0,6 et 0,9 %). Dans les pays qui n'ont guère reçu de migrants européens, mais qui ont été soumis par la colonisation à l'influence de l'Europe, la croissance est faible sans être négligeable (de 0,3 à 0,6 % par an en Afrique du Nord, dans la vallée du Nil, sur la côte syro-palestinienne et arabique, dans l'Asie centrale sous contrôle soviétique, en Amérique centrale). Enfin, la stagnation démographique est quasiment générale dans tout le reste de l'Afrique, dans la majeure partie de l'Asie, Inde et Chine comprises, en Indonésie, dans toute l'Amazonie et sur la côte caraïbe. La répartition de la croissance en Amérique du Nord offre un excellent exemple du parti pris de Carr-Saunders : on voit que la limite entre forte croissance (zone noire) et croissance quasiment nulle (hachures en biais) ne passe pas au niveau de la frontière entre les États-Unis et le Canada, mais 300 kilomètres plus haut, à la limite de la toundra, séparant ainsi le peuplement européen du peuplement esquimau. Les Européens se reproduisent et attirent des migrants, les Esquimaux sont censés végéter.

Le schéma d'ensemble est particulièrement net. À part les Européens, tous les autres peuples ont une population stagnante ou très lentement croissante. Les Européens sont donc appelés à compléter le peuplement du monde en remplissant les espaces peu denses qu'ils considèrent comme ouverts à leur colonisation. L'impératif biblique et eschatologique du peuplement demeure en filigrane, mais seul un peuple élu en est chargé, celui des Européens.

L'ouvrage de Raymond Pearl, *Biology of Population Growth* (« Biologie de la croissance démographique »), paru en 1926, parvient au même résultat que la carte de Carr-Saunders, mais par une voie très différente. Pearl établit d'abord une loi de croissance biologique de la population ou courbe en *S* (loi logistique), qu'il vérifie sur les populations les plus diverses : cellules de levure ou de poivron, croissance du poids des rats, croissance d'une population de mouches enfermées dans un bocal. Il montre ensuite que la loi s'applique aux grands pays d'Europe et aux États-Unis, ce qui lui permet, en prolongeant ses courbes, de faire une prévision jusqu'en 2100, date à laquelle la population est très proche de son plafond. Pearl s'enhardit alors à effectuer le même ajustement par la loi logistique et le même prolongement jusqu'en 2100 pour la population mondiale. Sur la figure tirée de son ouvrage (figure 4, p. suivante), on voit que la population du monde, qui atteignait 1,5 milliard de personnes en 1925, devrait s'accroître lentement jusqu'à arriver à 2,026 milliards d'individus en 2100 – alors qu'elle a en fait dépassé les 6,5 milliards au

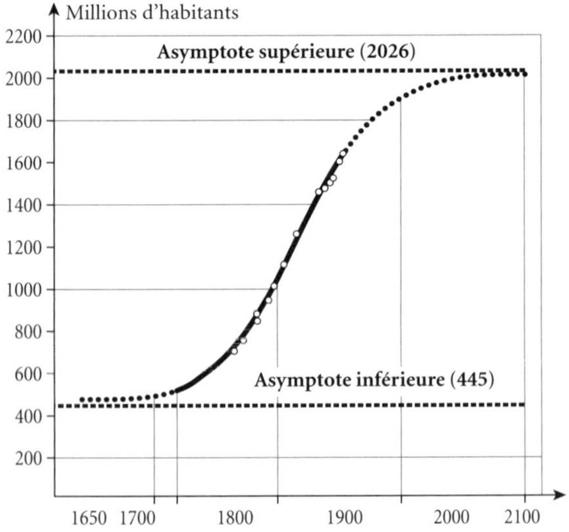

Figure 4 : Croissance de la population mondiale de 1600 à 2100 selon Raymond Pearl (1925).

début du XXIe siècle. Dans la suite de son ouvrage, Pearl s'est concentré sur un cas particulier, celui de la population indigène de l'Algérie. À l'aide d'une documentation fouillée, il a réalisé son ajustement logistique, dont le résultat donnait 5,2 millions d'Algériens en 2100 – ils sont 35 millions aujourd'hui.

Deux autres éléments confirment combien les spécialistes des populations ne croyaient pas à la croissance des autres continents dans l'entre-deux-guerres. Le premier se trouve dans la préface que Carr-Saunders écrivit au livre de David Glass intitulé *The Struggle for Population*, publié en 1936. Glass était le démographe le plus connu de l'Angleterre de l'époque. Il dirigeait aussi la London School of Economics. La préface commence par une longue citation du discours du chancelier de l'Échiquier, le ministre britannique des Finances, dans lequel ce dernier affirme : « Je regarde avec inquiétude la diminution continue du taux de natalité de notre pays. On peut penser que notre population actuelle a dépassé ce que l'Angleterre peut assumer et l'on sait aussi les difficultés que les Dominions rencontrent à recevoir une population plus importante étant donné leur chômage. Mais j'ai le sentiment que, dans peu de temps, cette vision des choses s'inversera quand les pays de l'Empire britannique se lamenteront de ne plus pouvoir recruter des citoyens de bonne extraction [*of the right breed*] que nous ne serons pas en mesure de leur fournir. » On n'y perçoit aucune inquiétude d'invasion venue des autres continents, seulement le sentiment que l'on perd la capacité à peupler la terre avec les Européens, ces individus *of the right breed*.

Le second élément repose sur une argument *a contrario*. L'un des plus grands démographes américains de l'entre-deux-guerres, Warren Thompson, émit en 1929 une théorie de la transition démographique. Il y soutient que toute population passe par une succession d'étapes, depuis un état stable où une forte fécondité équilibre une forte mortalité, jusqu'à un autre état stable où une faible fécondité suffit à faire échec à une faible mortalité. La transition du premier état au second se produit en deux stades : d'abord une baisse rapide de la mortalité, ensuite, après un délai plus ou moins long, une baisse de la fécondité. Cette théorie ressurgit en 1946 sous la plume de Frank W. Notestein, pour fournir l'argument principal de l'explosion démographique et de son contrôle. Mais, en 1929, Warren Thompson ne pouvait être entendu. Personne ne discuta ni ne reprit sa théorie de la transition démographique, car elle contenait deux suppositions implicites que l'époque ne pouvait pas admettre : celle selon laquelle la baisse de la fécondité n'était pas d'origine biologique, mais résultait de l'évolution des mœurs ; et la possibilité pour les pays non européens de suivre le même chemin que l'Europe et l'Amérique du Nord. Il s'agissait là de l'exact contraire des lieux communs que les théories de Gini et de Fisher ainsi que les prévisions de Pearl et de Carr-Saunders répandaient dans l'opinion.

Ainsi, à la veille de la Seconde Guerre mondiale, l'idée d'une population mondiale avait perdu toute signification. La planète était divisée entre les populations européennes et les autres, entre les classes riches et pauvres, entre les races dolichocéphales et brachycéphales, et, dans le pire des cas, entre Aryens et Juifs. Le seul élément qui demeurait mondial était la guerre. Elle éclata et, à son issue, l'idée d'une population mondiale ressuscita.

L'explosion démographique

La victoire militaire des Alliés se voulut aussi victoire morale. Elle devait signifier que les idéologies racistes n'auraient plus droit de cité, qu'il n'existait pas de peuples supérieurs ni inférieurs, que le métissage n'entraînait aucune tare, bref que les hommes étaient tous égaux en droit. La création de nombreuses institutions internationales accompagna l'affirmation de l'unité biologique du genre humain. Dès novembre 1945, une conférence se tint à Londres pour fonder l'UNESCO[10] en vue de conforter une philosophie de la paix et de l'égalité proclamée par la devise qui figure au fronton de son siège central : « Les guerres prenant naissance dans l'esprit des hommes, c'est dans l'esprit des hommes que doivent être élevées les défenses de la paix. » En 1949, le jeune organisme réunit un groupe de travail afin d'étudier la question de la race, pour appuyer les positions antiracistes qu'il comptait prendre. Le document qui en résulta, largement inspiré par les vues du biologiste antiraciste Ashley Montagu, alla un peu plus loin que ce que la génétique pouvait alors prouver. Il affirmait l'origine unique du genre humain, l'absence de liens entre patrimoines génétique et culturel, la suprématie des ressemblances entre les hommes sur leurs différences. Ashley Montagu offrait ainsi une définition positive de l'égalité, symétrique de la définition négative que Hobbes avait forgée au XVIIe siècle. Les scientifiques contestèrent non le bien-fondé moral de la déclaration, mais ses prétentions scientifiques. Pour tenir compte de leurs objections, une seconde version fut composée en 1952. Elle reconnaissait la notion de caractères raciaux d'ordre physique dont la répartition pouvait varier de population à population. Elle maintenait toutefois l'origine unique de l'homme et l'absence de liens entre les cultures et la distribution des caractères raciaux.

La transition démographique

Pétries de bonnes intentions, ces deux déclarations contenaient malheureusement un défaut logique. En affirmant que les races n'existaient pas et que les caractères raciaux n'influençaient pas les cultures, malencontreusement nommées « ethnies », on transférait les divisions du genre humain des races vers les cultures. Au lieu de races supérieures, on allait parler de cultures supérieures, au lieu d'une généalogie fantasmagorique des races inspirée d'un darwinisme dévoyé, on introduirait une généalogie imaginaire des cultures. Le risque fut compris par Alfred Métraux, alors directeur de la Division pour l'étude de la race à l'UNESCO. Il demanda à Claude

Lévi-Strauss de se pencher sur la question. L'opuscule *Race et histoire* que composa alors le grand anthropologue apporte une solution remarquable au problème. Il s'attache à montrer que toutes les cultures ont une riche histoire, irréductible aux traces de leur passé qui subsistent. S'il s'agit de les distinguer, on doit reconnaître que les plus florissantes sont celles qui ont eu les contacts les plus nombreux avec les autres et qui ont pu intégrer le plus d'éléments extérieurs. Elles ne doivent donc pas être considérées comme des stades successifs d'une évolution linéaire. Sous cet angle, la question de l'origine était écartée au profit d'une valorisation du métissage culturel. On sait qu'ultérieurement, craignant que son audace ne mène à uniformiser les cultures, Lévi-Strauss est revenu en arrière pour défendre l'autonomie, voire un certain degré de fermeture des cultures[11]. Mais, en cet immédiat après-guerre, il avait complété le dispositif qui permettait de penser à nouveau la population mondiale comme un tout.

D'ailleurs, parallèlement à l'UNESCO, les Nations unies créèrent une Division de la population chargée d'étudier l'évolution de la population de tous les pays ainsi que celle du monde dans son entier. La division mit rapidement en évidence que la population s'accroissait dans de nombreuses régions du monde où on l'avait jusqu'alors considérée comme stagnante. Au même moment, le baby-boom des pays développés démontra que les facteurs biologiques du déclin de la fécondité qu'alléguaient Gini et Fisher n'existaient pas. Toutes ces circonstances favorisèrent le retour de la théorie de la transition démographique, qui n'avait pas retenu l'attention vingt ans auparavant, quand Warren Thompson l'avait formulée[12]. La notion de transition démographique correspondait bien à l'esprit de l'après-guerre. Elle était universaliste, puisqu'elle s'appliquait à toute population, quelle qu'elle fût. Elle était technique, puisque la transition débutait par une baisse de mortalité dans les pays les moins avancés grâce à l'arrivée de médicaments et de vaccins. Elle était enfin culturaliste, puisque la baisse de la fécondité qui devait suivre celle de la mortalité dépendait de facteurs économiques (niveau de vie) et culturels (éducation, aspirations individuelles) et non de facteurs biologiques.

Comme beaucoup de théories sociologiques, la théorie de la transition reposait sur une simplification historique où un passé immémorial – celui de haute mortalité et de haute fécondité – s'opposait à un présent moderne – celui des faibles mortalité et des faibles fécondité –, autrement dit où un état de nature s'opposait à un état de culture. La première chose à régler était de déterminer la fécondité en l'état de nature – on lui attribua alors le qualificatif de « naturelle », qui lui est resté. Deux méthodes furent employées : l'une par le biais d'enquêtes, en recherchant des populations qui ne pratiquaient aucune limitation de leur descendance ; l'autre par les mathématiques, en construisant des modèles dans lesquels tous les paramètres biologiques contribuant à la fécondité étaient combinés pour simuler la succession des naissances au sein d'une génération féminine et aboutir notamment à leur nombre moyen par femme, ou descendance finale.

Fécondité : nature ou culture

Parmi les populations qui ne pratiquaient aucune restriction des naissances, des sectes protestantes furent étudiées, comme celles des huttérites et des amish. On trouva que les femmes de ces groupes engendraient 9 enfants en moyenne au cours de leur vie. Un démographe français, Louis Henry, se tourna vers une autre source : les campagnes françaises avant la Révolution. On pensait alors que l'origine de la faible fécondité française remontait à la Révolution en raison des dispositions égalitaires de l'héritage dans le Code civil. Avant cela, en effet, les provinces du sud de la Loire, qui suivaient le droit écrit d'origine romaine, pratiquaient l'héritage préférentiel avec désignation d'un héritier unique tandis que, dans les provinces du nord et de l'ouest, de droit coutumier, on partageait également l'héritage entre les enfants (parfois seulement ceux de sexe masculin). Louis Henry espérait donc trouver une fécondité naturelle avant 1789 aussi bien au sud de la Loire, où dominait déjà la petite propriété, qu'au nord, où la plupart des paysans étaient journaliers ou fermiers. Pour la déterminer, il inventa une méthode originale : en se servant des registres paroissiaux sur lesquels les prêtres inscrivaient les baptêmes, les mariages et les sépultures, il coupla les informations correspondant à une même union (date de naissance des conjoints, de leurs enfants et date de leur décès). Il reconstitua ainsi des familles complètes et en déduisit la fécondité dans quarante villages répartis dans toute la France. Il fut très surpris de trouver une baisse de la fécondité dès 1720, donc bien avant la Révolution, dans des villages situés au fin fond des provinces, tel celui de Crulai, dans le Perche, auquel il consacra une monographie[13]. Avant 1720, cependant, les couples ne manifestaient aucune tendance à limiter leur progéniture, on était en régime de fécondité naturelle. Or il aboutit à un nombre moyen de 5,5 naissances par femme; la fécondité dans les villages français était donc beaucoup plus faible que dans les sectes protestantes. Cela tenait au mariage tardif des femmes (vers vingt-cinq ans en moyenne) et à une proportion de femmes célibataires définitives de l'ordre de 15 %.

Pour arriver à une estimation de la fécondité naturelle indépendante du régime de mariage dans la population considérée, il fallait donc emprunter une autre voie, celle des modèles de simulation. Le principe consiste à simuler l'existence féconde d'une femme, mois par mois, en fonction des événements qui peuvent modifier son état physiologique. Pour débuter, elle se marie ou se met en couple à un âge *T*; puis, lors de chaque cycle ovulaire, elle a une probabilité de conception *F*, appelée « fécondabilité », qui vaut en moyenne 25 % entre vingt et trente-cinq ans, est un peu plus faible avant vingt ans et diminue rapidement au-delà de trente-cinq ans. La grossesse peut se terminer par une fausse couche avec une certaine probabilité (20 %) ou par une naissance. Après la fausse couche ou la naissance, un laps de temps variable s'écoule avant le retour de l'ovulation, donc d'une nouvelle possibilité de conception. On simule ce délai en le tirant au hasard dans une distribution connue des durées de temps mort après une fausse couche et après une naissance. Enfin, à chaque cycle, la femme court le risque d'une stérilité définitive, risque qui varie en fonction de son âge et dont la distribution est aussi connue. Simuler ainsi la fécondité consiste à faire parcourir ce processus à un grand nombre de femmes fictives depuis le mariage jusqu'à la stérilité définitive, en tirant au hasard la probabilité de chaque événement et de chaque délai.

On peut représenter le fonctionnement du processus à l'aide d'un organigramme (figure 5) sur lequel les losanges signifient un tirage au sort de l'événement et les lettres

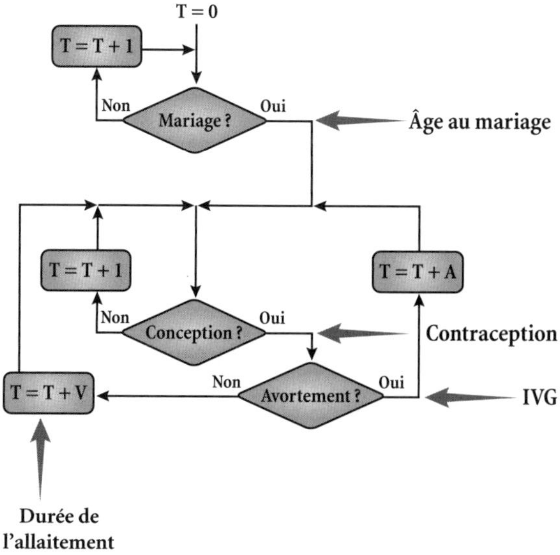

Figure 5 : Schéma de la simulation de la vie féconde d'une femme.

entourées d'un cadre rectangulaire un tirage au sort d'une durée aléatoire. Selon le résultat de chaque tirage, une branche ou une autre de l'organigramme est empruntée. En bout de parcours, quand la femme simulée est frappée de stérilité définitive ou quand elle atteint la ménopause, on compte le nombre total des naissances qu'elle a données. Le résultat des simulations effectuées par Louis Henry (sans ordinateur !) puis par d'autres chercheurs est en moyenne de 15 naissances par femme en cas de mariage dès la puberté et de vie de couple jusqu'à la ménopause. C'est énorme et bien supérieur aux valeurs observées, y compris chez les huttérites ou dans les populations de la France ancienne.

Les moyens de contrôler la fécondité

Dès lors, il devenait clair que toute population connue avait limité d'une manière ou d'une autre sa fécondité en intervenant à un stade particulier du processus. Le premier moyen, le plus fréquent et le plus évident, consiste à retarder l'entrée en union ou le mariage, à en exclure une certaine proportion des femmes, à faciliter les divorces et répudiations, et à limiter les remariages – c'est alors l'entrée même dans le processus qui est interdite. Le deuxième moyen consiste à diminuer le plus possible le risque de conception, donc la fécondabilité, à l'aide de tous les modes de contraception, qu'ils soient traditionnels, comme le *coïtus interruptus* et la méthode Ogino, voire l'abstinence, ou modernes, comme la pilule ou le stérilet, plus efficaces. Le troisième moyen est l'avortement par la pratique de l'interruption volontaire de grossesse. Un quatrième moyen, qui avait été largement sous-estimé dans les premiers modèles, est la durée de la période sans ovulation après l'accouchement ; on a démontré que l'allaitement allongeait cette période, souvent dans des proportions considérables, même s'il ne bloquait pas complètement l'ovulation. Enfin, un cinquième moyen, radical, est la stérilisation par ligature des trompes ou par ablation des ovaires.

Quelques exemples donneront une idée de l'importante réduction de fécondité obtenue à l'aide de chacun de ces moyens. Partons d'une population ayant les mêmes caractéristiques que celles des huttérites, avec un âge moyen au mariage de dix-neuf ans, un allaitement court (un an en moyenne de stérilité temporaire après l'accouchement), aucune contraception, aucune stérilisation et aucune interruption de grossesse. Pour commencer, faisons varier l'âge moyen au mariage de dix-neuf ans et demi à vingt-sept ans. La diminution suivante du nombre moyen d'enfants par femme, ou descendance finale, est donnée dans le tableau 3.

Âge moyen au mariage (ans)	**Descendance finale (enfants)**
19	9
23	8,2
25	7,5
27	5,8

Tableau 3 : Incidence de l'âge au mariage sur le nombre d'enfants.

On voit que ce moyen de limiter la fécondité rapproche de la valeur observée dans la France ancienne. Elle en serait encore plus voisine si l'on ajoutait le célibat définitif de 15 % des femmes. La durée de l'allaitement et l'allongement corrélatif de la période d'infécondité après accouchement jouent un rôle encore plus puissant. On le voit sur le tableau 4 où, pour un âge moyen au mariage de dix-neuf ans et aucun avortement provoqué, on a fait varier la durée moyenne d'infécondité après naissance de six mois à trente mois.

L'effet d'un allongement de la durée d'allaitement est encore plus net que celui d'un recul de l'âge au mariage. Or un allaitement d'une durée de trente mois n'est pas rare dans des populations traditionnelles d'Afrique subsaharienne. On voit qu'il permet de ramener la fécondité à un niveau voisin de celui de la France ancienne, où le mariage était tardif (et les conceptions hors mariage rares).

Durée de la stérilité après naissance (mois)	**Descendance finale (enfants)**
6	11,3
12	9
18	7,5
30	5,8

Tableau 4 : Incidence de la durée de stérilité après l'accouchement sur le nombre d'enfants.

Le troisième moyen de limiter la fécondité, la contraception, a un résultat plus fort encore. Dans la simulation, on a supposé que les femmes limitaient leur descendance de la manière suivante : après chaque naissance, une femme a une probabilité *p* de décider d'arrêter la constitution de sa famille définitivement en pratiquant une contraception d'arrêt, en recourant à l'IVG ou à la stérilisation définitive. Le tableau 5 montre que la fécondité est réduite à de faibles valeurs dès que *p* s'élève un tant soit peu.

Pourcentage d'arrêt après une naissance	Descendance finale (enfants)
0 %	8,2
20 %	3,8
40 %	2,3
60 %	1,6

Tableau 5 : Incidence de la probabilité que la femme arrête de procréer après une naissance.

Dès que le pourcentage d'arrêt dépasse 20 %, la descendance finale atteint les valeurs que l'on observe actuellement dans de nombreux pays. L'étendue des variations de la fécondité que permet chacun de ces contrôles est encore amplifiée quand ils se conjuguent. Le fait que la plupart des sociétés humaines n'aient pas dépassé une descendance moyenne de 6,5 enfants par femme prouve qu'elles ont toutes eu recours à une forme ou à une autre de contrôle de la fécondité.

Ce fut la thèse de l'ouvrage *Culture and Human Fertility*, que publia en 1954 Frank Lorimer, assisté d'anthropologues de renom, dont Meyer Fortes. Il détailla la grande variété de combinaisons que les sociétés traditionnelles avaient élaborées pour que leur fécondité équilibre à peu près leur mortalité infantile et juvénile. Avant le XIXe siècle en Europe et avant la fin de la Seconde Guerre mondiale dans le reste du monde, entre 50 et 60 % des enfants n'atteignaient pas l'âge de vingt ans, ce qui imposait une fécondité minimale de 4 à 5 enfants par femme pour maintenir l'effectif de la population. C'est effectivement dans cette fourchette que se situaient la plupart des descendances finales connues. Vu sous un autre angle, en moyenne, une femme de vingt ans pouvait compter sur 1 à 1,5 fille survivante à l'âge de vingt ans. La baisse de mortalité changea entièrement la situation. Dans le courant des années 1950, la mortalité au-dessous de vingt ans avait été réduite à 20 % dans les grands pays du tiers-monde, si bien que, sur 6 enfants à la naissance, 5 survivaient à vingt ans et une femme de vingt ans aurait donc 2,5 filles qui atteindraient cet âge. À l'époque où 1,2 fille succédaient à leur mère en moyenne, il fallait attendre cent trente ans pour que la population double. Avec 2,5 filles succédant à leur mère, la population doublerait désormais en vingt-deux ans et demi et, en cent trente ans, elle serait multipliée par 50 – là où 1 million de personnes étaient remplacées par 2 millions en cent trente ans, elles le seraient désormais par 50 millions.

Découverte de l'explosion et retour des races

La transition démographique portait donc en germe l'explosion démographique. Le terme chemina dans divers rapports puis explosa lui-même sur une couverture du *Times* en janvier 1960 (figure 6). La page est presque entièrement occupée par des femmes habillées de costumes traditionnels, portant 1 ou parfois 2 enfants. À la manière des enluminures médiévales, tout l'espace est rempli d'êtres humains de différentes tailles, suggérant ainsi un véritable grouillement. Quatre femmes sont en gros plan, au centre de l'image : une Noire, quasi nue ; une Chinoise, en tunique traditionnelle ; une Indienne, en sari ; et une Blanche, sans doute américaine, en train d'empiler ses courses dans un caddy, avec 2 enfants blonds. Elles sont entourées d'une douzaine d'autres femmes, parmi lesquelles on distingue, entre autres, une autre Africaine, quasi nue également, une

Figure 6 : Couverture du *Times* du 13 janvier 1960 attirant l'attention sur l'explosion démographique.

Indienne d'Amérique du Sud, une Coréenne… et deux Occidentales. La présence moderne est reléguée sur le bord gauche de l'image, où elle est comme compressée. Les 2 enfants blonds s'accrochent littéralement à la nourriture, comme s'ils craignaient d'en manquer prochainement, quand tous les bambins de couleur qui peuplent le reste de la couverture auront grandi et engendré à leur tour une multitude d'enfants. À part les trois femmes comprimées sur le bord de l'image, qui ont limité sagement leur famille à 1 ou 2 enfants, toutes les autres semblent résignées devant une fatalité nommée dans le bandeau barrant la couverture : *The Population Explosion* (« L'explosion démographique »). Une explosion qu'elles paraissent regarder, au loin, impuissantes, comme s'il s'agissait d'une autre bombe atomique.

Dans l'immédiat après-guerre, la théorie de la transition démographique et la notion de population mondiale semblaient rompre avec les hiérarchies biologiques de l'entre-deux-guerres. La couverture du *Times* montrait que ces dernières avaient survécu en se coulant dans un nouveau moule. L'Europe et l'Amérique du Nord s'opposaient toujours aux autres continents. Toutes deux continuaient à être présentées comme « modernes », terme qui s'était substitué à « civilisé », tandis que les anciens peuples, autrefois qualifiés d'« arriérés », étaient maintenant appelés « primitifs » ou « traditionnels ». Les deux oppositions de l'avant-guerre, sociale entre les riches « adaptés » et les pauvres « inadaptés », et raciale entre les peuples de couleur « stagnants » au contraire des Européens « féconds », avaient fusionné. Ou, plus exactement, face à la croissance des autres continents, l'idée de stagnation, qui ne pouvait plus être conservée, avait été remplacée par l'opposition entre les riches et les pauvres. Tout comme la lutte des classes était devenue internationale, l'opposition entre adaptés et inadaptés avait quitté le cadre national pour s'étendre à l'ensemble de la planète. Le darwinisme social, qui, comme son nom l'indique, « biologisait » les rapports entre classes sociales, était devenu un darwinisme continental opposant l'Europe et l'Amérique du Nord aux autres continents.

La continuité avec les doctrines eugénistes était tout aussi manifeste. La transition démographique avait ouvert la voie à l'eugénisme négatif pour les nations et les continents. Alors que, avant la Seconde Guerre mondiale, on craignait la baisse de la fécondité des nations européennes et l'on s'ingéniait à la contrecarrer – eugénisme positif donc – sans se préoccuper des autres nations, maintenant, on craignait la trop forte fécondité des nations du tiers-monde. Il s'agissait de la juguler – eugénisme négatif donc – car, comme on le voit sur la couverture du *Times*, ces populations se montraient incapables de gagner la seconde phase de la transition, la baisse de la fécondité, en raison de leur attachement à leur société traditionnelle, souligné par leurs vêtements archaïques.

Contrôler la fécondité des pays pauvres

Effectivement, à partir du début des années 1960, le mot d'ordre des organisations internationales et des élites anglo-saxonnes fut la diminution de la fécondité. On créa un fonds spécial, le Fonds des Nations unies pour les activités en matière de population (FNUAP), qui finança les campagnes de planning familial et l'éducation à la contraception, on réalisa une enquête mondiale de fécondité et, plus généralement, on facilita toute propagande en faveur de la famille « heureuse » de 2 enfants. Puisque les sociétés traditionnelles étaient incapables d'activer la baisse de leur fécondité, il devenait nécessaire de les y aider. Civiliser les sauvages avait été le mot d'ordre de la colonisation. Réduire la fécondité des nations pauvres devenait le slogan du monde développé des années 1960. Tout fut orienté vers cet objectif. Les arguments économiques furent fournis par un rapport catastrophiste sur l'Inde rédigé par Ansley J. Coale, futur directeur de l'Office of Population Research de Princeton, et Edgar M. Hoover, futur directeur de la CIA. Leur argument essentiel portait sur les investissements[14] : ils seraient entièrement absorbés pour faire face à l'augmentation de population qui imposait la construction de nouvelles écoles, routes et hôpitaux. Il ne resterait aucun fonds pour investir dans le développement de l'économie. Le vieux thème de la stagnation biologique utilisé pour la population dans l'entre-deux-guerres était reconverti dans l'économie d'après guerre en stagnation économique, puisqu'on ne pouvait plus nier la forte croissance démographique.

Au même moment, la FAO (Food and Agriculture Organization), agence des Nations unies se consacrant à l'agriculture et aux subsistances, tira la sonnette d'alarme : un quart des humains étaient mal nourris. L'économiste Colin Clark eut beau montrer que ce chiffre ne reposait sur rien et était apparu lors d'une sombre querelle de succession à la tête de la FAO, il connut une popularité énorme : si la population explosait, l'agriculture ne pourrait pas faire face. Cela semblait être frappé au coin du bon sens.

Dans cette ambiance, les campagnes de prévention des naissances se multiplièrent. Elles furent souvent financées par des fondations privées américaines, notamment la fondation Ford avec son Population Council, ou la fondation Pathfinder, qui installait des cliniques pratiquant l'avortement. Dans les conditions de leurs prêts, le FMI (Fonds monétaire international) et la Banque mondiale introduisirent des objectifs de baisse de la fécondité ou de financement de campagnes de prévention.

Les premiers résultats se firent cependant attendre, ce qui accrut l'angoisse. Le taux de croissance mondial, déjà élevé entre 1960 et 1965, augmenta encore entre 1965 et 1970 et ne donna des signes de stabilisation qu'après 1975. Dans ce contexte, la célèbre étude du Club de Rome, *The Limits to Growth* (*Les Limites de la croissance*), connut un succès retentissant et fut sans doute, avec la guerre des Six-Jours, l'un des facteurs qui déclencha la hausse des cours du pétrole en 1973, ce qui conduisit à la crise. Les résistances populaires à l'impératif de baisse de la fécondité furent beaucoup plus importantes que celles des élites du tiers-monde. Les campagnes de stérilisation forcée en Inde, dirigées par Sanjay Gandhi, fils du Premier ministre Indira Gandhi, entraînèrent la chute du gouvernement. Au niveau international, une conférence mondiale de la population fut organisée à Bucarest en 1974. Les Américains tentèrent de faire adopter un plan mondial de la population avec des mesures particulièrement drastiques. Ils furent contrés de justesse par les pays non alignés, qui considérèrent que « le meilleur contraceptif était le développement », comme l'exprima sobrement le délégué algérien.

Dans le même temps, la fécondité déclina assez brutalement dans les pays développés. Le baby-boom était fini. Le retournement commença dès 1960 aux États-Unis, ramenant en dix ans l'indice de fécondité de 3,5 enfants par femme à 2,1. En Europe, la baisse apparut en 1965 et fut de même ampleur : l'indice de fécondité français passa de 2,9 à 1,8 entre 1965 et 1975, l'indice allemand de 2,4 à 1,4, l'indice anglais de 2,6 à 1,7. Tandis que les pays pauvres vivaient une explosion démographique, les pays riches risquaient de voir leur population diminuer. L'idéologie de la colonisation en vogue au début du siècle aboutissait à son contraire. Si, en 1900, les Européens envoyaient leur trop-plein de population dans des zones que les indigènes ne parvenaient pas à peupler, maintenant, les flux ne pouvaient que s'inverser : l'Europe et l'Amérique du Nord allaient être envahies et colonisées par de gigantesques masses de migrants. On oubliait qu'au début du siècle la puissance militaire était aux mains des Européens et des Américains, et qu'elle le restait aussi à la fin du siècle, ce qui rendait l'envahissement peu probable. Qu'importe, cette invasion fantasmée était un argument de plus pour redouter l'explosion démographique et tenter de la maîtriser.

La comparaison entre le dynamisme démographique du tiers-monde et la quasi-stagnation du monde développé se calquait désormais exactement sur l'opposition entre les riches et les pauvres que les darwinistes sociaux avaient décrite. Malgré les discours sur le développement, malgré les euphémismes tels que « pays en voie de développement », deux blocs étaient de plus en plus opposés l'un à l'autre. Dans son rapport de 1994, le FNUAP en donne involontairement un témoignage. En se fondant sur les prévisions faites par la Division de la population, le rapport dessine, côte à côte, les pyramides des âges superposées de 1985 et de 2025, à gauche pour les pays en développement et à droite pour les pays développés (figure 7, p. 94).

Le contraste est saisissant. La pyramide des pays en développement, très pointue en 1985 s'est alourdie et considérablement étoffée en 2025. Elle donne une impression de solidité et de pesanteur. Au contraire, la pyramide des pays développés n'a guère changé entre 1985 et 2025, si ce n'est

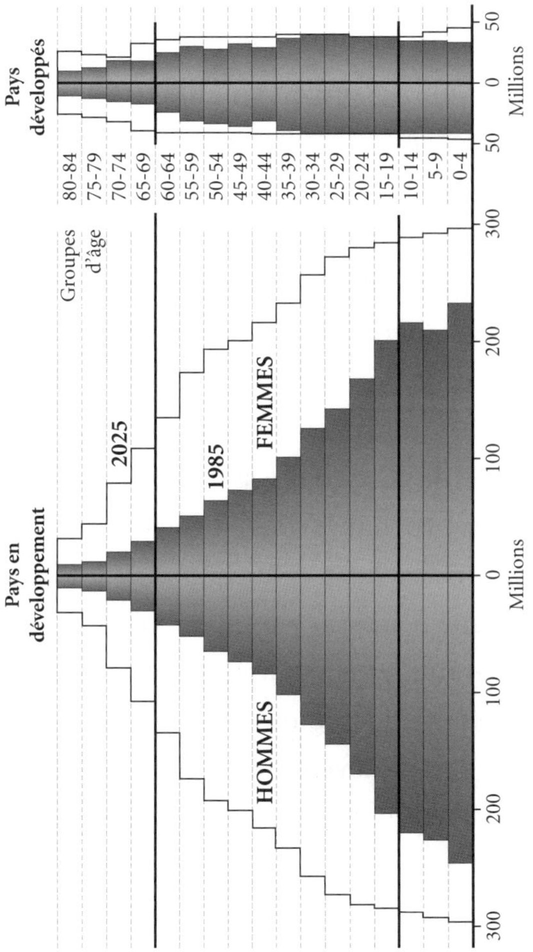

Figure 7 : Comparaison par le FNUAP de la population des pays développés et en développement observée en 1985 et projetée pour 2025.

que, avec une base presque identique, son sommet s'est considérablement étoffé du fait du vieillissement démographique. Elle semble posée en équilibre instable. Le rapprochement sur un même graphique met en scène la confrontation entre les deux groupes de pays. On a l'impression que, d'une simple chiquenaude, la population massive des pays en développement va jeter à bas celle des pays développés, la brisant en mille morceaux. Pourtant, du point de vue de la rigueur statistique, la figure est irréprochable : les surfaces sont bien proportionnelles aux effectifs à chaque âge et à chaque période, comme le veut la règle des histogrammes. Ce graphique est cependant purement idéologique, car il sous-entend que les pays développés seront exactement les mêmes en 2025 qu'en 1985, Albanie et Moldavie comprises, et que, symétriquement, les pays en développement seront aussi les mêmes, nonobstant les progrès de Singapour, de la Corée, du Brésil, de Taïwan et, vraisemblablement, de la Chine.

En 1994, pour les experts internationaux du FNUAP qui ont dessiné les pyramides, il ne faisait pas l'ombre d'un doute que le monde était et resterait divisé en deux, les pays développés et les autres que, par politesse, on qualifiait de « pays en voie de développement », mais dont on pensait en fait qu'aucun ne se développerait jamais. Les grands espoirs d'unité du monde qu'avait soulevés la victoire alliée en 1945 ne s'étaient donc pas réalisés. La population mondiale n'était qu'un moyen de montrer la menace que les pays pauvres étaient censés faire peser sur les pays riches, de la même façon que les prolétaires du XIXe siècle menaçaient les capitalistes et les basses classes prolifiques de l'entre-deux-guerres, les élites infécon
des.

La fin des années 1970 allait cependant apporter une surprise. Elle vint de Chine, sous la forme de la politique de l'enfant unique.

La fin de l'explosion

Après la crise pétrolière de 1974, l'accroissement de la population mondiale fléchit légèrement. L'augmentation annuelle entre 1975 et 1980 fut de 1,77 % contre 1,94 % durant les cinq années précédentes. Cela signifiait que le doublement de la population prendrait quarante ans à ce rythme, au lieu de trente-six ans au rythme précédent. Le Population Council, le FNUAP et les pays occidentaux n'avaient pas de quoi crier victoire.

L'exemple chinois : la politique de l'enfant unique

Cependant, comme la baisse de la fécondité anticipe celle de la croissance, il était intéressant de voir dans quelles régions s'étaient produites les plus fortes baisses. La réponse ne faisait pas de doute : en Chine. De 6 enfants par femme en 1965, ce pays était passé à 4,8 en 1972 et à 2,9 en 1978. Le gouvernement chinois voyait ainsi récompensés ses efforts en faveur du mariage tardif et de la contraception. Le coup de maître du président Deng Xiaoping fut de ne pas s'en tenir à ce premier succès, mais de l'amplifier en lançant une politique qui ne devait plus rien aux encouragements du monde développé : la politique de l'enfant unique. Son succès ne fut pas immédiat, puisque la fécondité se maintint à 2,6 enfants dans les dix années suivantes, pour passer sous la barre des 2 enfants en 1992 seulement. Mais le signal donné aux autres pays en développement fut très fort. Une nouvelle opinion se présentait enfin en réponse à la politique encouragée par l'Occident. Au lieu de faire appel à la liberté de choix des couples et de prôner une famille de 2 enfants, la Chine recourait à la contrainte et ne tolérait plus que un seul enfant, ce qui paraissait déraisonnable aux Occidentaux. Il n'est pas question de porter un jugement moral, mais simplement de constater que le contrôle des naissances que beaucoup de pays pauvres percevaient comme une demande intéressée des pays riches prenait, par l'exemple chinois, le sens différent d'une rupture avec le passé. Dans le pays où le culte des ancêtres occupait une position centrale, où le fils aîné devait prendre soin de ses parents âgés, on venait de supprimer brutalement les fonctions traditionnelles de la famille.

Une rupture analogue s'est produite dans les pays en développement les plus hostiles à l'Occident. On la met en évidence sur les trois graphiques de la figure 8 où l'évolution de la fécondité dans un pays hostile à l'Occident est systématiquement comparée à celle d'un pays plus favorable : Chine et Inde, Iran et Égypte, Cuba et République dominicaine. Dans les trois cas, la baisse de la fécondité est plus brutale dans le pays hostile que dans le pays favorable. Bien sûr,

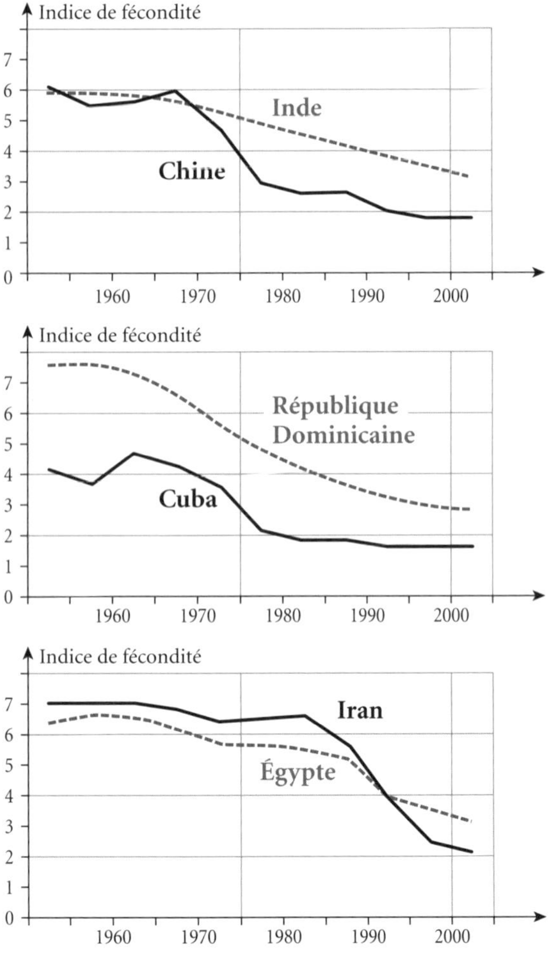

Figure 8 : Baisse de la fécondité dans les pays sous influence occidentale comparés aux pays hostiles à l'Occident.

on ne peut pas en faire une règle générale, mais on doit tenir compte de cet impact de la décision chinoise sur l'ensemble des pays du Sud : ils pouvaient se réapproprier la limitation des naissances qu'ils avaient jusqu'alors ressentie comme imposée par les pays développés et lui donner la signification d'une marche vers la modernité. Dans les années qui suivirent, la baisse de la fécondité prit de l'ampleur dans la plupart des pays en développement et le mouvement s'est accéléré à partir de 2000, gagnant l'Afrique subsaharienne. Quand on compare les derniers chiffres disponibles à ceux des années 1950, la mutation semble presque incroyable : le Mexique est passé de 6,7 enfants par femme à 2,2 ; la Tunisie de 6,9 à 1,86 ; le Bangladesh, pays pauvre, corrompu et densément peuplé, de 7 à 2,5 ; le Brésil de 7,1 à 2,3. À un niveau plus fin, la baisse de la fécondité est encore plus remarquable : 1,6 enfant par femme au Kerala, dans l'Inde du Sud ; 1,7 dans le grand Alger ; 1,8 dans les États du sud du Brésil.

L'impact de l'exemple chinois n'explique pas tout. Il a simplement accéléré le mouvement. Les campagnes du planning familial et des organisations internationales ou américaines ne fournissent pas non plus la clé. On a longtemps soutenu que l'éducation des femmes était une cause essentielle de baisse de la fécondité car, dans les enquêtes effectuées dans tous les grands pays, comme celles du World Fertility Survey, on trouvait toujours une différence très nette de fécondité entre les femmes qui avaient au moins entamé le second cycle de l'enseignement secondaire et les autres. Mais l'importance et la rapidité de la baisse de la fécondité en Iran n'étaient pas dues à un soudain développement de l'enseignement secondaire, les débuts de la baisse en Afrique non plus. On a aussi avancé le rôle de l'urbanisation, mais c'est un mot vague. On a d'ailleurs vu qu'en France la baisse de la fécondité s'était déclarée dans une campagne reculée et les enquêtes actuelles ont constaté que la fécondité baissait aussi bien en ville que dans les campagnes, à l'exception des plus reculées d'entre elles.

Les raisons de la reproduction

Pour comprendre pourquoi la fécondité a baissé rapidement dans pratiquement tous les pays du monde à partir de la fin des années 1980, il faut abandonner l'idée que les couples pauvres du tiers-monde engendraient des enfants par tradition et par habitude, sans y réfléchir, et replacer les décisions de fécondité dans un cadre rationnel. Les travaux de l'anthropologue et démographe John C. Caldwell ont joué un rôle important à cet égard. Dans les enquêtes de terrain qu'il a menées en Afrique de l'Ouest, Caldwell a mis en évidence le double intérêt que présentait une nombreuse progéniture[15]. Les enfants se rendaient économiquement utiles très tôt, dès l'âge de cinq ou six ans, en surveillant un étal de produits que la famille vendait au marché ou en gardant la volaille et le petit bétail. Certes, le rendement économique direct était faible, mais il libérait un adulte, qui pouvait ainsi se consacrer à une activité plus rentable. Le second avantage des enfants tenait dans leur promesse d'ascension sociale au moyen des réseaux familiaux et locaux : avoir plusieurs enfants, c'était avoir plusieurs chances que l'un d'entre eux soit remarqué et aidé par un oncle ou un cousin qui avait réussi en ville. Ils représentaient des billets de loterie : plus on en possédait, plus on avait de chances de tirer le gros lot.

Pour persuader les couples de diminuer leur fécondité, il fallait que les bénéfices économiques d'une faible descendance l'emportent sur ces deux avantages. L'extension de la scolarité et de sa durée neutralisait le premier avantage, puisque les jeunes enfants ne pouvaient plus être utilisés comme main-d'œuvre de renfort avant l'âge de leur fin d'études. La prise en compte des aspirations des femmes et leur promotion contrecarrait le second avantage, car elles ressentaient plus durement que les hommes le fardeau d'une nombreuse descendance qu'elles devaient soigner et nourrir chaque jour. La dernière conférence mondiale de la population, tenue au Caire en 1994, insista sur le droit des femmes et lança le slogan de la santé maternelle. Dans le cadre des enquêtes, seuls les chefs de famille, donc les hommes, étaient interrogés jusqu'alors ; on découvrit que les femmes étaient beaucoup moins désireuses d'avoir une descendance élevée que leurs maris. Dès lors, partout où les femmes virent leurs aspirations à entrer dans la sphère publique contrariées par une descendance nombreuse, elles tentèrent de limiter leur fécondité. Cette attitude ne concerne pas seulement les pays en développement : elle explique aussi la grande différence de fécondité actuelle entre l'Europe du Nord, qui se situe autour de 1,8 enfant par femme, et l'Europe du Sud, qui est descendue à 1,3. En Europe du Nord, l'activité féminine est maintenant proche de celle des hommes (la Suède compte 92 % de femmes actives entre trente et cinquante ans) tandis qu'en Europe du Sud elles rencontrent encore beaucoup de résistances à leur entrée sur le marché du travail. Plus elles ont à surmonter d'obstacles, plus elles retardent la constitution de leur famille. Il ne s'agit pas d'un choix entre travail et famille, car elles souhaitent les deux, mais d'éviter au contraire que l'un n'empêche l'autre, en particulier que la naissance d'enfants ne bloque l'obtention d'un travail.

Les deux moteurs de la baisse de la fécondité ont ainsi été l'aspiration des femmes à plus d'égalité, particulièrement dans l'accès à l'espace public, qu'il soit politique ou économique, et les espoirs d'ascension sociale de leurs enfants par l'éducation. La plupart des baisses de fécondité importantes dans les pays du Sud se ramènent à ces deux motifs, déclinés selon la situation du pays considéré[16]. Donnons quelques exemples :

– L'Iran

Pourquoi, la fécondité, qui était de 6,5 enfants par femme sous le schah et l'était demeurée après l'arrivée de l'imam Khomeyni au pouvoir, chute-t-elle brutalement à partir de 1985 exactement ? Ni le retard de l'âge au mariage ni la progression de l'éducation des femmes n'expliquent ce brutal point de retournement, qui va conduire en vingt ans la fécondité au-dessous de 2 enfants par femme. Si la guerre avec l'Irak avait joué un rôle, on aurait assisté à une reprise forte de la fécondité à la fin des hostilités, au retour des soldats dans leur foyer. Ce ne fut pas le cas[17]. L'explication actuellement privilégiée[18] passe par la chute de la rente pétrolière. Les familles iraniennes et l'État s'étaient enrichis grâce au prix élevé du pétrole, qui se maintenait depuis la crise de 1973. La consommation matérielle étant jugée suspecte par le régime, les familles avaient investi dans l'éducation de leurs enfants. En 1985, avec la chute brutale des cours cette possibilité fut réduite. Dès lors, soit elles renonçaient à l'ascension sociale par l'éducation des enfants, soit elles décidaient d'en avoir moins. C'est un dilemme que l'économiste et Prix Nobel Gary Becker a théorisé sous la forme de l'arbitrage entre quantité et qualité, expliquant ainsi pourquoi les riches font moins d'enfants que les pauvres alors qu'ils ont plus de moyens pour les élever. Les Iraniens se montrèrent bons élèves de Becker.

– Le Maghreb

La Tunisie est descendue au-dessous de 2 enfants par femme, l'Algérie et le Maroc au-dessous de 2,5. La comparaison avec les pays arabes à l'est de la Méditerranée, le Machreq (Égypte, Jordanie, Syrie, Liban), est éclairante, car ces derniers se situent encore au-dessus de 3 enfants par femme. On attribue cette différence à l'orientation des migrations de ces deux groupes de pays : les Maghrébins se dirigent massivement vers l'Europe occidentale, tandis que les Égyptiens et les Jordaniens vont travailler dans le Golfe. En retour, ils importent dans leur pays d'origine les attitudes et les modes d'action des pays où ils ont travaillé. Ainsi, même si beaucoup reste à faire, le Maghreb a progressivement accordé des droits aux femmes, par exemple le consentement au mariage, avec, pour résultat, l'adoption de la conception occidentale de la réussite sociale par les études. L'âge des femmes au mariage s'est élevé dans des proportions inimaginables vingt ans plus tôt, l'activité féminine s'est étendue et l'éducation est devenue la préoccupation dominante. Au contraire, le Machreq se caractérise notamment par l'absence de droits des femmes, qui demeurent confinées dans l'espace domestique.

– La Chine
S'il est un pays où la théorie de Becker s'applique parfaitement, c'est bien celui-ci. Les Chinois reportent leur espoir de réussite sur leur enfant unique (et surtout sur leur fils unique, car une première naissance féminine permet en général d'avoir un second enfant), qui sera seul à les soutenir dans leur vieillesse. Aussi qualifient-ils cet enfant de « petit empereur ».

– Le Mexique
On pense que le facteur déclenchant a été fourni par une déclaration durement négociée de l'archevêque de Mexico, en 1977, de ne plus considérer la contraception comme un péché capital[19]. L'influence des immigrés mexicains aux États-Unis, dont la fécondité

est plus faible que dans leur propre pays, a aussi joué un rôle, dans le même sens qu'au Maghreb.

– La bande de Gaza

Ce petit territoire est un contre-exemple. La bande de Gaza dispose *a priori* de facteurs favorables à la baisse de la fécondité, car la mortalité infantile y est plus faible que chez ses voisins arabes et la scolarité des filles dure plus longtemps. Or la fécondité y est la plus élevée de tous les pays de la région. Certains ont rapidement parlé d'une guerre des ventres dirigée contre Israël, mais la vérité est dans doute plus prosaïque. Les jeunes femmes de Gaza n'ont aucun espoir de trouver un emploi malgré leur niveau de formation, car le chômage dépasse 50 %. Elles sont confinées chez elles à cause de l'état de guerre. Leur seule réalisation personnelle et leur seul espoir de socialisation résident dans le statut de mère de famille. L'espace domestique a remplacé l'espace public, impraticable.

Fin de l'explosion démographique en 2040

Si ces explications sont exactes, la baisse de la fécondité devrait se poursuivre même dans les pays qui sont maintenant au-dessous de 2 enfants en moyenne par femme, car le statut de cette dernière est encore peu reconnu dans la majorité des pays du Sud. Déjà, dans la plupart de ces pays, le nombre des naissances diminue chaque année. Dès lors, même si l'augmentation de la durée de vie favorise la croissance de la population mondiale, cette dernière devrait se stabiliser, voire décroître. C'est ce que prédit l'hypothèse basse de la projection de la population mondiale effectuée par les Nations unies. La figure 9 représente l'évolution de la population mondiale de 1950 à 2050 selon les trois hypothèses, haute, basse et moyenne, des Nations unies. Dans l'hypothèse haute (qui suppose une remontée de la fécondité dans de nombreux pays), on compterait 10,8 milliards d'humains en 2050 ; dans l'hypothèse moyenne, qui est la plus fréquemment adoptée – sans doute par prudence aristotélicienne (*in medio stat*

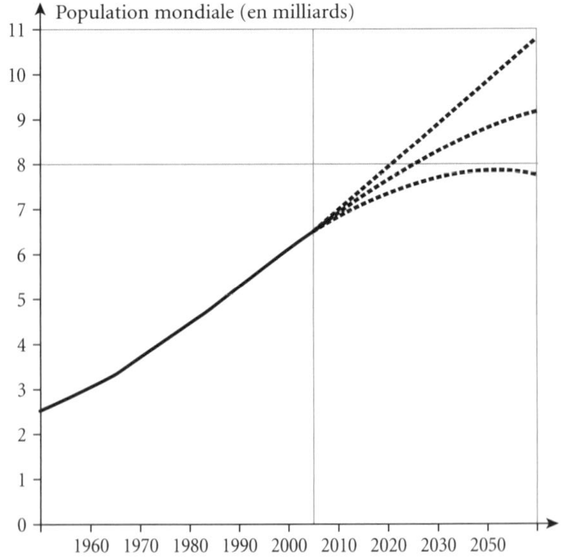

Figure 9 : Évolution de la population mondiale jusqu'en 2050 selon les trois hypothèses retenues par les Nations unies.

virtus) –, elle serait de 9,3 milliards; dans l'hypothèse basse, elle serait de 8 milliards seulement. Cette dernière hypothèse est la plus intéressante, car elle montre que la population mondiale atteindrait un maximum vers 2045, puis commencerait à décroître assez lentement. Ce serait donc la fin de l'explosion démographique. Certains prophètes de malheur auxquels la démographie offre un terrain de choix commencent à parler d'implosion démographique. Attendons un peu... Quoi qu'il en soit, les chiffres les plus récents, les causes profondes de la baisse et, plus simplement encore, l'examen des hypothèses des Nations unies rendent l'hypothèse basse la plus probable.

Les hypothèses des Nations unies concernent presque uniquement la fécondité – deux hypothèses d'évolution de la mortalité ont bien été retenues, mais leur impact demeure très faible, de l'ordre de 200 millions de personnes en plus ou en moins en 2050. Or ces hypothèses de fécondité sont contestables quand on les dessine. Sur la figure 10 sont représentées les trois hypothèses retenues pour trois pays : la Chine, le Japon et l'Iran. En Chine, actuellement, une stabilisation est en cours autour de 1,7 à 1,8 enfant par femme, ce que traduit bien le schéma de gauche. Mais au Japon, les trois hypothèses supposent une remontée que rien ne vient accréditer. Quant à l'Iran, la remontée prévue

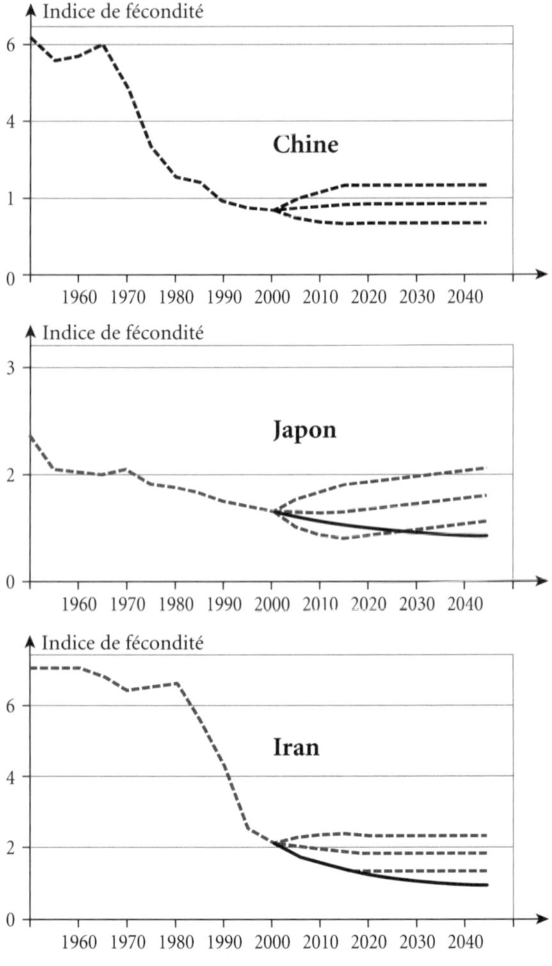

Figure 10 : Hypothèses de fécondité des trois projections des Nations unies pour la Chine, le Japon et l'Iran, et hypothèse alternative (en trait continu).

par les hypothèses haute et moyenne est peu probable ; la stabilisation prévue dans l'hypothèse basse est même optimiste. Les prolongements de l'évolution de la fécondité dans ces deux pays (représentés en trait continu gras) accréditent une poursuite de la baisse. Les schémas des Nations unies tablent tous sur la convergence vers un niveau commun de fécondité compris entre 1,8 et 2,2 enfants par femme selon le pays et l'hypothèse. Or une telle convergence ne s'est même pas produite dans les pays développés : la variabilité relative de la fécondité des 27 pays d'Europe n'a pas diminué depuis trente années, malgré l'organisation d'un cadre de vie commun et la diminution des écarts économiques entre pays.

À première vue, la stabilisation de la population mondiale semble être un événement nouveau et inouï dans l'histoire de l'humanité. En réalité, c'est un fait assez banal, qui s'est sans doute produit à de nombreuses reprises. Nous ne le voyons pas, car nous sommes encore obnubilés par le récit biblique qui inspira à William Petty son calcul de la population mondiale depuis les origines. Nous sommes restés millénaristes. Nous croyons que l'histoire humaine est fermée, limitée. Or, quand on dessine l'évolution de la population mondiale au cours des 2,5 derniers millénaires, donc à peu près depuis la Grèce classique, en s'aidant de tous les indices possibles, comme l'ont fait par exemple les démographes Jean-Noël Biraben[20] et John Durand, on obtient une évolution dans laquelle de longues latences sont séparées par de brusques périodes de croissance. La population humaine semble s'être accrue assez rapidement de 500 av. J.-C. jusqu'à l'époque du Christ, puis avoir longtemps stagné jusqu'en 800, l'époque de Charlemagne, s'être ensuite remise à croître jusqu'à la grande peste noire de 1348 qui faucha sans doute un quart des vivants et entraîna une stagnation économique et démographique alimentée par des troubles politiques. La croissance reprit au XVIe siècle (à la Renaissance) et s'est poursuivie jusqu'à aujourd'hui. Mais nous avons sans doute atteint un plafond autour duquel, comme le voulait Pearl, la population mondiale va désormais fluctuer.

Les équilibres démographiques gradués

Un argument supplémentaire en faveur de cette évolution par à-coups est fourni par la paléo-démographie[21]. Il est évidemment impossible de connaître avec précision le nombre des hommes depuis l'apparition d'*Homo sapiens sapiens*, mais plusieurs indices permettent de fixer des fourchettes : l'étendue du domaine occupé par l'homme d'abord, qui semble avoir été assez longtemps confiné à l'Afrique orientale, puis aux rivages de l'Asie du Sud avant de gagner l'intérieur des terres ; le mode d'alimentation ensuite, qui reposait uniquement sur la chasse et la pêche jusqu'au néolithique, et à l'invention de l'agriculture à partir de 10 000 avant notre ère. Or il est possible de chiffrer l'espace minimum dont doivent disposer des populations de chasseurs-cueilleurs pour survivre. Sous les zones tempérées, il est de l'ordre de 10 km^2 par individu, ce qui donne un maximum de 50 000 habitants pour la France.

Pour quelles raisons observe-t-on ces longues périodes stables entrecoupées de brusques explosions ? Quel est le mécanisme qui assure la stabilité ? Il est tentant de revenir au raisonnement malthusien en supposant que le progrès dans l'obtention des subsistances, nécessité par la pression démographique, ne se manifeste pas systématiquement, mais presque fortuitement, après de longues périodes durant lesquelles les subsistances restent à un niveau fixe. Pourtant, on n'observe pas de surpopulation parmi les rares populations survivantes de chasseurs-cueilleurs, comme celles des San du Kalahari ou des agriculteurs primitifs de la Nouvelle-Guinée. Par une série de mécanismes sociaux et naturels, la population se maintient nettement au-dessous du niveau des subsistances. Dans *Animal Dispersal in Relation to Social Behaviour*

(Hafner Publications, 1962), ouvrage qui eut une grande influence, le biologiste Vero Copner Wynne-Edwards montra que la plupart des populations animales maintiennent également leur densité très largement au-dessous du seuil des subsistances, grâce à la territorialité et à leurs organisations sociales. Selon les espèces, le nombre d'individus qui peuvent être identifiés par un de leurs congénères varie considérablement. Les capacités cognitives de la plupart des grands singes limitent leurs bandes à quelques dizaines de membres. Certains paléontologues pensent que l'accroissement de la taille du cerveau humain a été dirigé par cette nécessité d'identifier un nombre toujours croissant de congénères. En tout cas, statistiquement, la taille du cerveau augmente proportionnellement au nombre de membres de son espèce qu'un individu peut reconnaître.

La première explosion démographique prouvée s'est produite lors du passage de la chasse et cueillette à l'agriculture. Ses mécanismes font encore l'objet de discussions, mais plusieurs pistes sérieuses existent. Il est notamment vraisemblable que la possibilité de nourrir les jeunes enfants avec de la bouillie de céréales a accéléré le sevrage, donc raccourci les durées d'infécondité après la naissance et donc accru la fécondité, comme on l'a montré au chapitre précédent. En sens inverse, il semble que la sédentarisation des agriculteurs ait facilité l'apparition de nouvelles maladies, notamment par le biais des animaux domestiques dont l'élevage s'est développé aux débuts de l'agriculture. Des virus ou des microbes qui causaient des maladies endémiques mais non mortelles aux caprins, porcins, bovins et à la volaille ont franchi la barrière d'espèce – comme cela risque de se produire actuellement avec les virus des grippes aviaire et porcine – et ont sévèrement atteint l'homme, décimant des populations entières. Sous l'effet du changement géographique ou technique, de nouvelles conditions modifient donc la fécondité et la mortalité pour conduire à un nouvel équilibre.

Ce qui est vrai des hommes l'est aussi des animaux en général. L'une des théories de l'évolution les plus discutées aujourd'hui a été développée par Stephen Jay Gould[22]. Ses « équilibres ponctués » supposent justement de longues périodes de stabilité des espèces, entrecoupées de bouleversements brutaux et soudains pendant lesquels les espèces se transforment rapidement et parviennent à un nouvel équilibre. Stephen Jay Gould justifie sa théorie en examinant la productivité en nouvelles espèces des périodes qui suivent les grandes extinctions catastrophiques à la suite d'une collision avec un météore ou d'éruptions volcaniques dévastatrices. Cette vision de la nature permet d'y réintégrer l'espèce humaine. Heureusement, les cataclysmes ne sont pas la seule cause des changements dans l'espèce humaine ; d'autres facteurs ont été à l'œuvre, qui ne sont pas biologiques : les inventions techniques ont joué le rôle des catastrophes naturelles. Les adaptations ont consisté en changements des habitudes alimentaires et, plus généralement, des modes de vie.

Si nous approchons d'un nouvel équilibre démographique, la question de la population mondiale perd de son importance : les variations de son effectif ne peuvent plus être invoquées comme causes de danger pour l'humanité. Dans ce cas, cette question perd largement de son intérêt, car la notion de population est abstraite – on l'a déjà dit – et vague. Tant qu'il n'existera pas de gouvernement mondial, aucune action véritable ne pourra être exercée sur la population, qui n'est qu'une conséquence de multiples causes et actions. La prendre en compte est même trompeur, car sa diversité est alors masquée. Or, comme on le verra au prochain chapitre, c'est en tenant compte de la multiplicité des comportements que l'on peut comprendre des problèmes aussi importants que celui de l'alimentation dans le monde, et non en confrontant un effectif abstrait de population mondiale à un volume tout aussi abstrait de production mondiale de vivres. Il faut descendre dans le détail pour que des relations précises et des causalités apparaissent.

Le spectre de la famine

La montée du prix des céréales et d'autres productions alimentaires qui a démarré en 2006 a ravivé la crainte d'une pénurie de vivres à l'échelle de la planète en raison de la croissance de la population.

La limite des subsistances

Effectivement, sur le marché français, le prix des céréales a augmenté de 50 % entre juillet 2006 et décembre 2007, puis il s'est stabilisé jusqu'en juillet suivant où une nouvelle flambée l'a conduit 150 % au-dessus de son niveau initial. Il existe une très vieille loi, appelée « loi de King », selon laquelle le prix des subsistances augmente comme le cube de la différence entre l'offre et la demande lorsque l'offre est insuffisante. La hausse a donc été interprétée en termes de détérioration de la production et de l'augmentation du nombre des demandeurs. À partir d'avril 2008, le prix du blé a baissé, mais il reste supérieur de 70 % à celui qui avait cours en 2005-2006.

Les chiffres du marché américain ont suivi une évolution parallèle. La tonne de blé, qui valait 168 dollars en janvier 2007 à Minneapolis, est montée à 203 dollars durant les douze mois suivants, puis a atteint les 374 dollars en janvier 2008 pour retomber à 248 dollars en janvier 2009. La baisse finale montre que la population n'est pas le principal ressort des hausses précédentes, car le nombre des humains n'a pas diminué au cours des douze derniers mois. On a expliqué le retournement à la baisse par la crise économique et comparé l'évolution récente du prix du blé avec celui du pétrole.

Comme ce dernier semble devoir s'épuiser, le rapprochement signifierait la même tendance pour le blé.

Le sentiment d'être arrivé à la limite des subsistances est renforcé par la perte de terres cultivables, que ce soit à cause de l'urbanisation ou de la désertification. Cependant, globalement, entre 1990 et 2009, la FAO indique une faible variation de la superficie totale cultivée ou en prairie permanente dans le monde : 48,6 millions de kilomètres carrés en 1990 et 48,9 millions en 2009. Cette stabilité recouvre des contrastes forts. Aux États-Unis, la surface arable a diminué de 10 % entre 1961 et 2009 ; en France, elle a diminué de 6 % et les prairies de 25 % en raison de la reforestation. En Australie, les prairies ont reculé de 16 % mais la surface arable s'est accrue de 56 %. Inversement, les surfaces cultivées ont augmenté de 36 % au Brésil de 1980 à 2009 en raison de la déforestation de l'Amazonie, qui a fait gagner 162 000 km^2, soit à peu près la superficie cultivée en France. En Inde, le recul a été de 2 % sur le même quart de siècle. Il a été de 12 % au Bangladesh, en raison de la croissance urbaine.

L'équilibre entre les gains par déforestation et les pertes par urbanisation et voies de communication est précaire, car il reste de moins en moins de forêts dans les pays du Sud. La croissance démographique, celle du niveau de vie et celle encore plus rapide des voies de communication consomment de plus en plus de surfaces cultivables. Il paraît donc vraisemblable que le plafond des terres cultivables est atteint si l'on tient à conserver des forêts. Tout cela renforce la crainte de manquer de vivres. Peut-être aurait-on même dépassé la population maximale que la Terre peut nourrir de manière durable. Peut-on calculer cette limite ?

Populations mondiales maximales : un vaste choix

Depuis la fin du XVIIe siècle, de nombreux auteurs ont tenté d'estimer la population maximale pouvant durablement vivre sur la terre. Petty, dont nous avons discuté l'estimation, fut le premier. Il eut de nombreux successeurs : le démographe Joel E. Cohen en a recensé une soixantaine jusqu'à nos jours[23]. En ne retenant que ceux qui appartiennent au monde scientifique et justifient leur évaluation par un raisonnement, il en reste quarante-cinq. La dispersion des estimations proposées par ces auteurs est énorme. La plus faible – d'environ 2 milliards – a été émise en 1925 par Raymond Pearl, dont nous avons discuté la théorie de la saturation démographique plus haut. La plus forte – 50 milliards –, qui date de 1954, est due à l'économiste Robert Brown ; il fut suivi par Roger Revelle, directeur du département d'agronomie de l'université Harvard, qui avança en 1976 le chiffre de 40 milliards.

Sur la figure 11, on a disposé les quarante-cinq évaluations de la population maximale de la terre selon la date à laquelle elles ont été énoncées. On remarque que la question est peu discutée avant le XIXe siècle (cinq

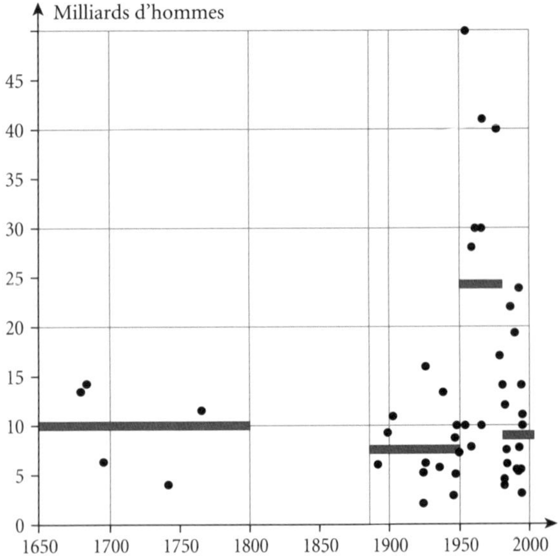

Figure 11 : Les quarante-cinq estimations de la population maximale de la terre émises par des scientifiques entre 1650 et 2000 (les barres grises indiquent la moyenne des estimations par période).

estimations), qu'elle n'intéresse personne durant le XIXe siècle, inébranlable dans sa croyance au progrès indéfini des techniques, comme on l'a vu dans un précédent chapitre, mais qu'elle s'éveille au XXe siècle avec des hauts et des bas. La moyenne des estimations données entre 1900 et 1950 se situe à 7,8 milliards, donc très près du niveau présent. Entre 1950 et 1980, l'optimisme s'empare des savants dont la moyenne des estimations s'élève à 25 milliards d'humains. Mais, après la crise pétrolière, dans l'atmosphère entretenue par le rapport du club de Rome, l'enthousiasme retombe et, avec lui, la moyenne des estimations, qui redescend à 8,8 milliards.

L'atmosphère de l'époque n'est pas seule responsable de la variabilité des estimations. La figure 11 permet de constater qu'à l'intérieur d'une même période les estimations divergent encore nettement. Une des clés pour comprendre cette variabilité a été proposée par Nathan Keyfitz, longtemps professeur de démographie à Harvard. Il a remarqué que les estimations les plus faibles provenaient le plus souvent des biologistes et des écologistes. C'est effectivement le cas pour Raymond Pearl (2,1 milliards), David Pimentel (3 milliards), Paul Ehrlich (5,5 milliards dans un premier temps; il est ensuite descendu à 1 milliard dans son best-seller *La Bombe P*). Inversement, les économistes et les agronomes donnent les chiffres les plus élevés : l'agronome Roger Revelle (40 milliards), les économistes Robert Brown (50 milliards) et Colin Clark (28 milliards). On comprend que l'intérêt professionnel fausse un peu le jugement, mais on peut s'étonner que ce soit au point que les estimations varient dans un rapport de 1 à 50 selon la spécialité du chercheur, et de 1 à 8 si l'on se limite aux estimations les plus vraisemblables de l'après-guerre. Il existe en fait une autre raison plus sérieuse que la profession ou l'esprit du temps pour expliquer cette disparité : les estimations partent de conceptions différentes non de la production, mais de la consommation, comme on va tenter maintenant de le montrer.

Bien que les prix montent, bien que la surface cultivable reste constante, la production a en effet beaucoup augmenté au cours des dernières décennies. De 1980 à 2010, la croissance de la production brute de céréales a été de 64 %, celle de la viande de

81 % et celle des autres produits végétaux[24] de 104 %, alors que la population n'a augmenté que de 55 % dans le même temps. La FAO estime que la production globale de l'agriculture a augmenté de 92 % entre 1980 et 2010, soit à un rythme de 2,2 % par an, alors que la population augmentait à un rythme inférieur à 1,5 % par an. La ration moyenne du Terrien aurait donc dû s'accroître de la différence, soit de 0,7 % par an. Or le nombre de kilocalories (kcal) par habitant et par jour établi par la FAO pour 1980 et pour 2007 est respectivement de 2 500 et de 2 800 kcal, ce qui correspond à une croissance de 0,4 % par an seulement[25]. Où est passée la différence entre le 0,7 % de croissance de la production de vivres par personne et le 0,4 % d'augmentation de leur consommation ? En le recherchant, nous allons montrer que la production de nourriture n'est pas seulement une production qui aboutit directement à une consommation, mais un système productif avec des aliments intermédiaires – tout comme le système industriel utilise des biens

intermédiaires pour produire les biens finaux qui seront consommés.

Végétariens contre carnivores : la loi des chaînes écologiques

À première vue, la consommation de vivres devrait être égale à la production diminuée des pertes lors du stockage (insectes, pourriture), lors de la préparation des mets et à cause des restes jetés après les repas. Grâce aux données rassemblées par l'organisation mondiale de l'agriculture, il est possible de vérifier cette équation simple. Pour rendre les chiffres plus parlants, les quantités ont été converties en kilocalories (kcal) par humain et par jour, sachant que la ration moyenne est de 2 800 kcal (en 2007). La production globale de l'agriculture, cette même année, est de 5 000 kcal par habitants et par jour dont 3 000 de céréales et 2 000 d'autres végétaux. Après soustraction des pertes, généralement estimées à 15 % en moyenne, il doit donc rester pour la consommation 2 550 kcal de céréales et 1 700 kcal d'autres végétaux. Or, la FAO ne retrouve dans les assiettes que 1 300 kcal de céréales et 1 000 kcal d'autres végétaux. Il manque donc 1 250 kcal de céréales et 700 kcal d'autres végétaux. Où cette masse de nourriture est-elle passée ? La réponse est simple : les quantités manquantes ont servi d'aliments aux animaux domestiques. Qu'importe, pensera-t-on, puisque cette nourriture aboutira ultérieurement à l'homme sous forme de steak ou de blanc de poulet. C'est oublier l'entretien de l'animal, ce que l'on appelle son métabolisme, qui consomme entre 75 et 90 % de l'énergie qu'il reçoit. Dans toute la nature prévaut une loi dite des « chaînes écologiques » stipulant qu'à chaque maillon de la consommation, on ne retrouve qu'un septième environ de la quantité d'énergie fournie. Ainsi, un brochet qui mange de petits poissons, lesquels ont mangé des insectes qui se sont nourris de plantes, ne récupère qu'une part sur trois cent cinquante des calories des plantes ingérées par les insectes car il se situe au troisième maillon de la chaîne alimentaire, donc après trois divisions par sept du nombre initial de calories.

La nourriture des animaux domestiques a donc accaparé près de 50 % de la production de céréales et 40 % de celle des autres végétaux cultivés. Lorsque l'on établit le bilan céréale par céréale et plante par plante, on confirme le constat : 85 % de la production de maïs, 95 % de la production d'orge, 22 % de la production de blé, 95 % de la production de soja, de tournesol, ou de sorgho ne parviennent pas directement ou pas du tout dans les estomacs humains. En négligeant les usages non-alimentaires (on verra plus loin qu'ils augmentent cependant rapidement), le détour de production par les animaux ne permet de récupérer que le septième des calories produites, soit 180 kcal à partir des céréales et 100 kcal à partir des autres végétaux. La consommation moyenne de produits animaux par humain et par jour est de 500 kcal (c'est ainsi que la ration moyenne tous aliments confondus atteint 2 800 kcal : 1 300 de céréales, 1 000 d'autres végétaux et 500 de produits animaux). Sur ces 500 kcal animales, on vient de voir que 280 sont produites grâce aux végétaux cultivés en vue de la nourriture animale, 30 kcal sont apportées par les poissons et les produits de la mer. Les 190 kcal restantes proviennent des animaux élevés dans un milieu naturel de prairies ou de steppes. Le tableau 6 résume la décomposition de la production et de la consommation à laquelle on est ainsi parvenu.

Origine des calories consommées (par humain et par jour)	Production nette	Consommation
Céréales pour les humains	1300	1300
Céréales pour les animaux	1250	180
Autres plantes pour les humains	1000	1000
Autres plantes pour les animaux	700	100
Prairies		190
Poissons et produits de la mer		30
Total	4250	2800

Tableau 6 : Production de végétaux et types de consommation moyenne par humain et par jour selon l'origine (FAO pour 2007).

La production nette de 4 250 kcal végétales par jour et par humain correspond à la production brute calculée par la FAO dont on a soustrait les 15 % de pertes estimées. Les prairies et steppes complètent la nourriture des animaux sans obérer directement la production humaine des végétaux, mais on pourrait leur substituer dans certains cas des cultures. La concurrence entre ces deux usages a ainsi façonné le paysage anglais au cours de deux siècles d' « enclosures ». Même sans remettre en cause l'affectation de la terre soit aux cultures soit aux animaux domestiques, la part prise par la nourriture animale pose la question de la limite des subsistances sous un tout autre jour.

Décider de donner une calorie de céréales à un animal divise par 7 son impact sur la subsistance totale disponible. La ponction opérée sur la production est 7 fois plus importante pour une personne qui ne mange que des produits animaux (viande, laitages) que pour un végétarien strict (un végétalien). Or il existe de larges différences dans le partage de l'alimentation entre produits animaux et produits végétaux selon le pays considéré. Le tableau 7 en donne quelques exemples.

Pays	Calories végétales (kcal)	Calories animales (kcal)	calories animales
Bangladesh	1 980	50	2,5 %
Nigeria	1 450	65	4,3 %
États-Unis	1 760	1 000	36 %
France	1 480	1 220	45 %

Tableau 7 : Consommation journalière de nourriture végétale et animale dans quatre pays en 2005 (FAO).

Les quatre pays du tableau sont aux deux extrémités du spectre, les Français comptant parmi les plus gros mangeurs de la planète, les Bangladais et Nigérians parmi les plus faibles.

Le grand partage des vivres

La population maximale que la terre peut nourrir avec une production agricole donnée dépend du partage de cette production entre les hommes et les animaux domestiques. Si les habitants des pays développés réduisent leur consommation de viande, la disponibilité de produits végétaux s'accroît. Si les Nigérians se mettent à consommer plus de nourriture carnée, elle diminue. Il est possible de calculer combien d'humains pourraient être nourris avec la même production agricole et la même ration journalière moyenne de 2800 kcal selon que l'ensemble des végétaux produits irait directement aux humains ou serait entièrement utilisé à nourrir des animaux. On montre sur le tableau 8 quelle serait alors le nombre maximal d'humains. On remarque qu'il subsiste une fraction de nourriture d'origine animale dans le cas où aucune production végétale n'est attribuée aux animaux domestiques car une partie de ces dernier se nourrit en milieu naturel de prairie. Selon l'usage qui est fait de la production agricole, la population maximale varie de 2 milliards à 11,4 milliards, soit pratiquement de 1 à 6. La question à laquelle se sont intéressés les quarante-cinq savants cités plus haut n'a donc pas de réponse tant que l'on ne précise pas le partage de la

Part de la production agricole réservée aux animaux	calories végétales	calories animales	% calories animales	Population maximale (milliards)
Rien	2700	100	4 %	11,4
Part actuelle (43%)	2300	500	18 %	6,7
Toute	0	2800	100 %	2

Tableau 8 : Population maximale que la Terre peut nourrir selon trois hypothèses de répartition de la production agricole entre l'homme et lea animaux domestiques.

production agricole entre nourriture animale et nourriture humaine. Les estimations les plus hautes comme celles de Revelle et de Brown admettaient implicitement que toute la nourriture végétale était consommée par l'homme, que les prairies étaient cultivées, ne laissant aucune place à la nourriture animale, et que les rendements atteignaient partout ceux des pays développés. À l'inverse, les estimations basses des biologistes et des écologistes supposaient une nature vierge dépourvue d'agriculture dans laquelle les hommes auraient pratiqué une chasse et une cueillette très efficaces.

Si le monde entier adoptait le régime des Français (45 % de calories d'origine animale), des cultures non céréalières devraient être remplacées par des céréales ou des plantes destinées à la nourriture du bétail (ce qui est déjà le cas actuellement avec les tourteaux d'oléagineux). Or cela correspond effectivement à la tendance actuelle, la demande de viande croissant rapidement dans les pays émergents à mesure que leur classe moyenne prend de l'importance. On le constate sur la figure 12, où

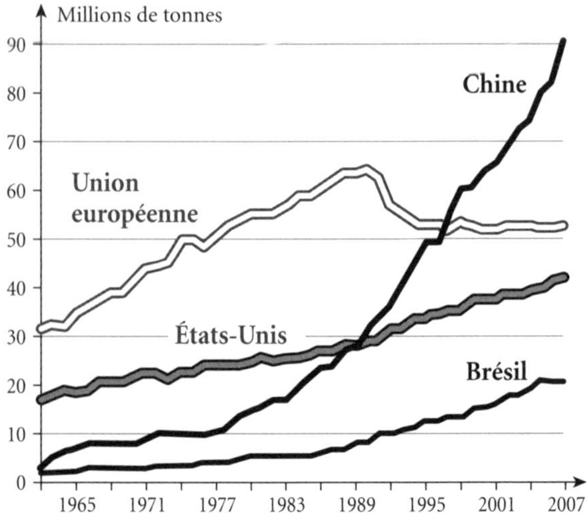

Figure 12 : Évolution de la production de viande dans quatre pays entre 1960 et 2007 (source : FAO).

l'on a représenté l'évolution de la production de viande dans trois pays (Chine, Brésil, États-Unis) et l'Union européenne. La Chine, qui part d'un niveau insignifiant en 1960, produit maintenant autant de viande que les États-Unis et l'Europe réunis. Par habitant, elle n'atteint cependant pas encore la moitié de la ration de ces derniers, ce qui laisse de la place à un accroissement de la demande, avant que ne survienne une saturation analogue à celle que l'on a constatée en Europe à partir des années 1990. Après une progression rapide, le Brésil a atteint une ration individuelle égale aux deux tiers de la ration européenne.

Le monde entier peut-il rejoindre le niveau de consommation de viande de la France ? La réponse est négative, puisque la limite de la population est dans ce cas de 4 milliards, soit un peu plus de la moitié de la population actuelle. Toutefois, le problème n'est pas d'atteindre instantanément ce niveau, mais d'y parvenir à terme. Paradoxalement, la dynamique de la production et de la consommation mondiales au cours des trente dernières années n'exclut pas cet objectif. De 1980 à 2010, la production de viande est passée de 136 milliards à 293 milliards de tonnes, soit un accroissement annuel de 2,6 %. Puisque la population a augmenté au rythme de 1,5 % sur la même période, la part de viande progresse au rythme de 1,1 % par an. Si la population mondiale plafonnait à 8 milliards d'humains, la production de viande croîtrait alors à ce même rythme de 1,1 %. Or, de 1980 à 2010, la production de céréales est passée de 1 550 milliards de tonnes à 2 430 milliards, soit une croissance de 1,5 % par an.

Nourrir tous les humains avec la production actuelle

L'accroissement est uniquement dû au progrès des rendements à l'hectare, puisque la surface cultivée a légèrement diminué sur la même période (de 8 %, soit une progression des rendements de 1,8 % par an). Si le rendement continue à augmenter au même rythme qu'au cours des vingt-cinq dernières années, la production de céréales pourra faire face à la demande croissante de nourriture pour les animaux, qui croîtra moins vite qu'elle. Une raison supplémentaire de croire à cette évolution tient au type de viande considérée. Les élevages de volaille et de porcs sont presque entièrement responsables de l'augmentation de la proportion de viande dans la nourriture, la production de viande de bœuf ayant évolué au même rythme que la population mondiale. Or les porcs et la volaille peuvent être nourris avec des sous-produits de l'alimentation humaine et ils sont moins gourmands en calories : ils en restituent environ 1 pour 5 reçues.

Un tel raisonnement contient un nombre impressionnant de « si », mais la plupart paraissent raisonnables. Le rendement actuel des céréales dans le monde est de 35 q/ha (quintaux à l'hectare), ce qui est encore loin des rendements observés dans les pays développés (supérieurs à 80 q/ha). La seconde révolution verte et les variétés transgéniques semblent capables de relever le défi, au moins au cours des trente ou quarante prochaines années. Le plafonnement de la population mondiale autour de 8 milliards d'habitants, qui a été discuté dans le chapitre précédent, apparaît comme l'hypothèse la plus probable. L'augmentation de la part d'alimentation carnée a été rapide depuis un quart de siècle. Il ne paraît pas vraisemblable que le rythme s'accélère. Certes, on ne peut pas cacher que de telles hypothèses sont productivistes. Elles montrent une voie possible. L'autre voie, que l'on pourrait qualifier de plus « écologique », consisterait à faire baisser la consommation de produits animaux dans les pays développés de manière à viser un objectif mondial plus faible que les 37 % actuels. Se contenter de la moyenne mondiale de 18 % n'impose pas de restrictions drastiques aux consommateurs des pays riches. La consommation reste alors, par exemple, supérieure à celle des Japonais, qui n'en ont pas moins la plus grande espérance de vie au monde, et elle n'est pas éloignée de celle des Grecs, réputée pour sa qualité (comme en témoigne le fameux régime crétois).

Les deux solutions restent cependant utopiques : la première parce que, au rythme de 1,1 % constaté pour la progression de la consommation individuelle de viande, il faudrait cent dix-sept ans pour que les pays en développement rejoignent les pays développés ; la seconde parce qu'il est très difficile de changer les habitudes alimentaires d'une population, notamment celle des pays développés. Néanmoins, ce bref calcul a l'avantage de montrer qu'il n'existe pas d'impossibilité *a priori* de parvenir à égaliser les consommations alimentaires dans le monde entier, contrairement à la situation énergétique : si l'on suppose que tous les habitants du monde consomment autant d'énergie que ceux des pays développés, on aboutit rapidement à une impossibilité, compte tenu de l'épuisement des ressources en hydrocarbures.

La concurrence des biocarburants

C'est d'ailleurs là que les deux questions se rejoignent. Depuis quelques années, on tente de remplacer les hydrocarbures par du carburant vert. L'argument d'une réduction des émissions de CO_2 d'abord avancé a été écarté comme inexact, mais la comparaison des prix de revient du pétrole et de l'éthanol obtenu à partir de céréales a joué en faveur de ces dernières. L'agriculteur est parfois un moraliste, mais plus souvent un entrepreneur qui cherche à maximiser son revenu. S'il gagne plus en vendant ses céréales à l'usine d'éthanol qu'au marché des grains, il choisira la première. Il l'a d'ailleurs choisie de plus en plus fréquemment au cours des années 2000 : de 2001 à 2008, la part de la production alimentaire destinée aux biocarburants a crû rapidement, comme le montre le tableau 9.

Globalement, la part des produits de l'agriculture qui sont utilisés comme biocarburants reste modeste, mais elle est néanmoins passée de 2 % en 2001 à 5 %

	2001	2008
Betterave, canne à sucre	11 %	20 %
Soja	1,5 %	8,5 %
Maïs	2,5 %	8 %
Blé, seigle, orge	1,5 %	4 %

Tableau 9 : Part de la production destinée aux biocarburants pour quelques végétaux.

en 2008. Si la progression se poursuivait, le relatif optimisme des bilans précédents serait remis en cause : la stabilisation de la population mondiale et la hausse des rendements de l'agriculture serviraient un autre but ou d'autres maîtres, en l'occurrence les automobiles et les avions. La concurrence entre nourriture des animaux et des humains demeure l'une des raisons pour lesquelles près de 700 millions d'humains ne mangent pas à leur faim ni sainement. Le détournement de la production vers les biocarburants aggravera la situation. Alfred Sauvy avait coutume de dire que les véritables concurrents des pauvres mal nourris étaient non pas les riches, mais les vaches des riches. Il pourrait y ajouter aujourd'hui les 4×4, les Airbus et les Boeing.

Conclusion

Une notion nouvelle est utile si elle peut être mise au service de la science ou de l'action. La notion de population mondiale a-t-elle servi l'une ou l'autre de ces deux causes ? Elle a montré que l'homme était un animal particulier, une espèce invasive qui a conquis la Terre et accapare maintenant plus de 40 % de la production nette de calories en exploitant la production des champs, des prairies, des forêts et des océans. Est-ce un bien ou un mal ? Tout dépend de la morale que l'on adopte. On peut soutenir que la domination humaine sur la planète réduit voire supprime la part laissée aux autres espèces animales et mène ainsi ces dernières à l'extinction : c'est la question de la biodiversité. On peut aussi adopter le point de vue darwinien de la survie des plus adaptés. Ce n'est pas parce que l'homme serait sorti de la nature qu'il a conquis le monde, mais au contraire parce qu'il obéit lui aussi à la sélection naturelle. Avant lui, d'autres espèces ont dominé le monde, puis ont disparu. Après lui, peut-être d'autres espèces prendront-elles la première place. Le hasard des mutations génétiques, des *cross over*, des fusions et des divisions de chromosomes, en un mot de l'usine génétique, a fait l'homme tel qu'il est.

Dans le film de Pier Paolo Pasolini *Uccellacci e uccellini* (« Des oiseaux petits et gros »), saint François d'Assise convainquait les gros oiseaux de cesser de manger les petits. Pendant un an, la paix régna dans le monde des oiseaux, mais les anciennes habitudes voraces des gros oiseaux reprirent le dessus. Saint François leur reprocha sévèrement de n'avoir pas tenu parole. « Saint homme, lui répondirent-ils, la nature nous a faits pour manger les petits oiseaux et nous ne pouvons nous y opposer. » La nature et l'évolution ont fait l'homme tel qu'il est. La véritable question ne se pose pas en termes d'appartenance à la nature, mais en termes humains : a-t-on prouvé que le nombre total des hommes contribuait à leur bonheur et à leur épanouissement, ou bien qu'il les conduisait au malheur ? Ce nombre accroît-il ou diminue-t-il le risque de souffrir de la faim ? de détruire la nature ? de parvenir à l'égalité entre les hommes ? Force est de constater que connaître la taille et l'évolution de la population mondiale ne nous apprend rien sur ces sujets.

Les causes de la faim

Du point de vue de la nourriture, on a vu que, lors du dernier demi-siècle, la production des subsistances a progressé nettement plus vite que le nombre des hommes : 2,3 % par an pour la première, 1,2 % pour le second. Cela aurait dû suffire à régler le problème de la sous-nutrition dans le monde. Ce n'est pas le cas pour les raisons qui ont été examinées au dernier chapitre. L'inégalité d'accès aux subsistances s'est maintenue non pas en dépit de l'accès d'une proportion croissante d'humains à un niveau de vie élevé, mais à cause de lui, car leur consommation de nourriture animale et de biocarburants a concurrencé la consommation essentiellement végétale des pauvres. Si l'on quitte le niveau mondial pour comparer les performances des divers pays, aucune relation n'apparaît entre le nombre des hommes, leur densité et la production de vivres. Plus surprenant à première vue, une large fraction de la population souffre de la faim dans des pays où la production assure en principe l'auto-suffisance.

La véritable cause de la faim doit être cherchée dans la répartition inégale des richesses et donc des subsistances, ainsi que dans la faiblesse de l'agriculture dans de nombreuses régions. Elle est aussi le résultat de guerres civiles ou internationales qui déplacent les populations et détruisent les cultures. Gaston Bouthoul, inventeur de la polémologie ou science des guerres, a soutenu que l'origine de ces conflits résidait dans la croissance inégale des populations, cette hypothèse reflétant la peur française de se voir envahi par l'Allemagne, une peur qui trouvait son origine dans la défaite de 1870. Mais si l'on dresse la liste complète des conflits, on ne trouve pas de corrélation entre croissance démographique et agressivité. Que la théorie de l'espace vital, que la menace du nombre aient servi de justifications à des guerres est une chose, qu'elles en soient les causes réelles en est une autre. Il suffit d'ailleurs de se souvenir de l'épisode emblématique des grandes invasions de la fin de l'Empire romain : les prétendues hordes barbares ne comprenaient que quelques centaines milliers de personnes face aux dizaines de millions d'habitants de la Gaule, de l'Italie, de l'Espagne et de l'Afrique du Nord. Quant aux Anglais, ils dominèrent l'Inde au XIXe siècle avec moins de

10 000 résidents permanents, alors que l'on comptait déjà plus de 100 millions d'Indiens.

Le nombre croissant des humains détruirait-il la nature ?

Le doute ne semble pas permis : les espaces naturels sont grignotés par les villes et les routes, les grandes forêts d'Amazonie, d'Afrique et d'Indonésie se réduisent comme peau de chagrin, la désertification progresse à cause du surpâturage, les espèces se raréfient et disparaissent. Mais est-ce le fait du nombre des hommes ou de leurs rapports de force ? Les défrichages amazoniens profitent aux grandes sociétés américaines qui importent le soja et le maïs pour la nourriture animale ; les cultures de palmiers à huile d'Indonésie sont destinées à l'exportation, de même que l'économie de grandes plantations d'arachides, coton, cacao et bananes sur les côtes africaines.

Quand on considère le destin de pays particuliers, on constate que les espaces naturels ont progressé dans les pays riches et régressé dans les pays pauvres, indépendamment de la densité et de la croissance démographique. Le cas de la France en offre un bon exemple. Au début du XIVe siècle, les forêts avaient pratiquement disparu du territoire actuel de notre pays. Ce que Jean Gimpel a nommé « crise du XIVe siècle » s'est traduit par une forte augmentation du prix du bois, qui était essentiel pour le chauffage, la préparation de la nourriture et la construction des maisons et des ouvrages d'art. Depuis cette époque, la forêt a été mieux protégée et replantée (les chênes de Fontainebleau datent de Colbert, qui fit semer des glands sur une vaste étendue de cultures et de friches). La superficie occupée aujourd'hui par la forêt est deux fois supérieure à celle qu'elle couvrait en 1900, et sans doute quatre fois supérieure à celle qui subsistait au moment de la crise du XIVe siècle, alors qu'avec 60 millions de personnes la population française est actuellement beaucoup plus nombreuse qu'au Moyen Âge, où elle ne dépassait pas

15 millions. Autre exemple : à cause des feux de bois, puis de charbon, l'air des villes était horriblement pollué à la fin de l'Ancien Régime, à Paris comme à Londres, où le *smog* avait fait son apparition meurtrière. Pour cette raison, et aussi à cause de l'absence de réseaux d'assainissement et d'eau potable, on mourait beaucoup plus rapidement dans les villes, qui étaient repeuplées en permanence par un afflux de ruraux. Aujourd'hui, l'espérance de vie est la même en ville qu'à la campagne et le *smog* londonien a disparu grâce à une réglementation des cheminées.

En dehors des pays développés, qui ont maîtrisé dans une large mesure leurs espaces naturels, la nature semble plus agressée quand la population est clairsemée que quand elle occupe densément le territoire. Ainsi, les dégâts causés à l'environnement sont beaucoup plus importants à Bornéo et dans les Célèbes, peu peuplées, qu'à Java, où la densité approche le millier d'habitants par kilomètre carré. Comparons la destruction de la forêt brésilienne aux rizières soigneusement entretenues du Kerala, les forêts protégées au Japon à celles qui sont pillées au Laos et en Afrique équatoriale... Ce n'est pas le nombre des hommes qui transforme la nature, mais les rapports de force entre les sociétés, rapports fondés sur leur écart de développement et, parfois, de population.

Les causes des inégalités entre les hommes

Puisque l'inégalité est la source des problèmes de subsistance et de destruction de la nature, ne serait-elle pas causée par le trop grand nombre des hommes, par cette armée de réserve du prolétariat sans cesse croissante, qui peut tout juste survivre face à des riches sans cesse plus riches ? Il est difficile de trancher, car on ne dispose pas de mesure des inégalités à l'échelle mondiale sur une longue période. On peut comparer le degré d'inégalité de deux pays[26] ou, ce qui est plus sûr, l'évolution de la population et des inégalités dans un pays donné. Dans les deux cas, aucune relation empirique n'apparaît. On admet d'habitude que les inégalités s'accroissent au moment où la croissance économique démarre. Or, dans les pays émergents, cette dernière s'est accompagnée d'une réduction de la croissance démographique par suite de la baisse rapide de la fécondité au cours des années récentes, ce qui perturbe un peu plus la relation supposée entre inégalités et population.

En définitive, ni le volume de la population mondiale, ni l'intensité de sa croissance ne peuvent être mis directement en relation avec les grands problèmes du moment : crise des subsistances, crise écologique, montée des inégalités. La crise de l'énergie elle-même tient au fait qu'environ 20 % des humains consomment 80 % des ressources en hydrocarbures et à la croissance économique des pays émergents. De toute manière, à supposer que la responsabilité du nombre total des hommes puisse être mise en évidence, on ne disposerait pas de moyens d'agir pour changer la situation. L'invocation de la population mondiale donne l'illusion que l'on peut la modifier, mais il n'existe aucune institution capable d'imposer une législation destinée à limiter la croissance démographique (ou à l'encourager). Le Japon, l'Allemagne, la Russie, l'Ukraine et d'autres pays où la population totale a commencé à diminuer votent des lois pour encourager la fécondité tandis que les pays africains continuent à soutenir des campagnes de planning familial pour la diminuer. Il sera difficile qu'ils s'entendent tous sur un objectif mondial commun.

On oublie que l'idée de population est apparue dans le contexte précis de la gouvernementalité, où l'État prenait pour objectif de gouvernement le nombre des habitants au XVIIe siècle, puis leur bien-être au XVIIIe siècle, comme le premier chapitre l'a montré. C'est la relation entre gouvernement et population qui leur permet d'exister tous les deux. L'État peut exister sans prendre en compte la population, mais non le gouvernement. Symétriquement, le concept de population n'a pas grande signification en dehors d'un gouvernement. Par extension, on peut parler de populations locales – celles des villages, des villes, des provinces – parce qu'il s'agit de divisions administratives auxquelles l'État a délégué certains attributs du gouvernement central. Parler de la population immigrée ou de la population noire n'a pas grand sens tant que des dispositions particulières ne s'adressent pas à elles. Le partage d'un trait commun comme l'origine géographique ou la couleur de peau ne suffit pas à fonder une population. Nommer ainsi certains groupes humains, c'est opérer un glissement de sens qui donne l'impression d'une gouvernementalité, en supposant à la fois que les appartenances à ces groupes sont bien définies et qu'elles relèvent d'une forme de gouvernement commun, ce qui est en général inexact.

Pourquoi la notion de population et, plus particulièrement, celle de population mondiale ont-elles rencontré un large succès ? On peut en avoir une idée en relisant la célèbre conférence de Max Weber sur la vocation du savant. Nous sommes devenus les victimes, dit-il, de l'illusion des concepts. Avec eux, les Grecs forgèrent l'arme qui oblige le raisonnement à conclure que l'on ne peut pas savoir ou que l'on sait parfaitement et pour toujours ce qu'ils appelèrent vérité. Pour Platon, Aristote et Socrate, les concepts n'avaient pas pour but de nous enseigner la nature du monde et de son origine, qui relevait des mythes, mais de nous permettre d'agir correctement en société, de nous guider dans notre existence politique de citoyen. Or les concepts ont été détournés de leur fonction par l'intellectualisation et la rationalisation : par elles « nous savons ou nous croyons qu'à chaque instant nous pourrions, pourvu seulement que nous le voulions, nous prouver qu'il n'existe aucune puissance mystérieuse et imprévisible qui interfère dans le cours de la vie ; bref que nous pouvons maîtriser toute chose par la prévision. Mais cela revient à désenchanter le monde. » Ce passage célèbre de Max Weber n'est pas toujours entendu pour ce qu'il est. Il ne signifie pas que la raison a triomphé des croyances et terrassé les dieux ; il ne signifie pas non plus qu'elle est faillible et inadaptée à la vie sociale ; il signifie qu'insidieusement, en conceptualisant à tout va, nous avons ressuscité les dieux anciens sans nous en apercevoir. Comme l'exprime magnifiquement Max Weber : « La multitude des dieux antiques sortent de leurs tombes sous la forme de puissances impersonnelles parce que désenchantées et ils s'efforcent à nouveau de faire retomber notre vie en leur pouvoir tout en reprenant leurs luttes éternelles. »

La population mondiale, les subsistances, la nature, le développement durable, voilà quelques masques qu'ont pris les dieux antiques pour se prévaloir de l'usage de la raison. Vie et mort de la population mondiale ? Avenir d'une illusion aurait répondu Freud.

Annexes

Notes

1. Dix ans plus tard, Hobbes écrivit une version latine de son *Léviathan*. Il imitait ainsi son patron, Bacon, qui s'était lancé dans la traduction de ses propres œuvres en latin, car il pensait qu'il s'agissait d'une langue universelle, qui continuerait à véhiculer de la pensée scientifique, tandis que l'anglais n'était qu'un simple patois, qui se transformerait vite et rendrait ses œuvres illisibles en quelques générations : on peut être l'un des précurseurs les plus perspicaces du monde moderne (*La Nouvelle Atlantide*, sa dernière utopie, reste un programme d'actualité pour

l'éducation et l'université) et se tromper parfois.

2. Newton semble faire exception en proposant un horizon relativement proche de trois siècles, mais il faut lire attentivement ses notes manuscrites : il y affirme que la date ne peut précéder 2060, mais être éventuellement plus tardive. 2060 est une limite inférieure.
3. Selon saint Jean, l'apocalypse serait suivie par un règne de mille ans du Christ glorieux, qui s'achèverait par le Jugement dernier. L'adjectif « millénariste » qualifie les adeptes de cette croyance ou de croyances analogues.
4. Malthus n'est cependant pas allé jusqu'à cette supposition, qui l'aurait confondu avec ses adversaires défenseurs de la perfectibilité illimitée de l'homme.
5. Les auteurs anglais parlent plus particulièrement de *number of the people* ou de *populousness*.
6. Thomas R. Malthus, *Essai sur le principe de population*, chapitre 5.

7. Date de la fondation de la Société d'anthropologie de Paris.
8. Friedrich Burgdörfer, *Sterben die weissen Völker ?*, Munich, Callwey, 1934.
9. Ferdinand Boverat, *La Race blanche en danger de mort*, Paris, Éditions de l'Alliance nationale pour l'accroissement de la population française, 1931.
10. UNESCO : United Nations Educational, Scientific and Cultural Organization, en français « Organisation des Nations unies pour l'éducation, la science et la culture ».
11. Sur ces épisodes, lire Wiktor Stoczkowski, *Anthropologies rédemptrices : le monde selon Lévi-Strauss*, Paris, Hermann, 2008.
12. W. S. Thomson, « Population », *American Journal of Sociology*, vol. 34, n° 6, mai 1929, p. 959-975. Voir à ce sujet S. Szreter, « The idea of demographic transition and the study of fertility change : a critical intellectual history », *Population and Development Review*, vol. 19, n° 3, 1993, p. 659-701.

13. Louis Henry, *La Population de Crulai, paroisse normande*, Paris, PUF, 1958.

14. Ansley J. Coale et Edgar M. Hoover, *Population Growth and Economic Development in Low-Income Countries: a Case Study of India's Prospects*, Princeton University Press, 1958.

15. John C. Caldwell, *The Theory of Fertility Decline*, London, Academic Press, 1982.

16. Matthew J. Connelly, *Fatal Misconception: the Struggle to Control World Population*, Cambridge (Mass.), Belknap Press of Harvard University Press, 2008.

17. Marie Ladier-Fouladi, *Population et politique en Iran : de la monarchie à la République islamique,* Les Cahiers de l'INED, n° 150, Paris, INED-PUF, 2003.

18. Philippe Fargues, *Générations arabes : l'alchimie du nombre*, Paris, Fayard, 2000 ; « La baisse de la fécondité arabe », *Population*, vol. 43, n° 6, Paris, INED, 1998, p. 975-1004.

19. Donald P. Warwick, *Bitter Pills :*

Population Policies and Their Implementation in Eight Developing Countries, Cambridge, Cambridge University Press, 1982.

20. Jean-Noël Biraben, « Essai sur l'évolution du nombre des hommes », *Population*, vol. 34, n° 1, 1979, p. 13-24.
21. Jean-Pierre Bocquet-Appel, *Recent Advances in Paleodemography*, Dordrecht, Springer, 2008.
22. Stephen Jay Gould, *La Structure de la théorie de l'évolution*, Paris, Gallimard, 2006.
23. Joel E. Cohen, *How Many People Can the Earth Support ?*, New York, Norton, 1995.
24. Le poids des différents produits a été pondéré par leur pouvoir calorique, qui est très variable, depuis 0,24 kcal/g pour les légumes à 3,5 kcal/g pour les légumineuses et le sucre.
25. Pour les données de la FAO, voir la revue semestrielle *Perspectives de l'alimentation*, Rome, juin 2008, et le *Rapport 2006-2007*, Rome, 2008.

26. On peut comparer le degré d'inégalité entre deux pays en utilisant un indice de concentration des revenus comme celui de Gini, mais d'autres indices peuvent donner des résultats différents. Le Prix Nobel Amartya Sen a consacré plusieurs ouvrages à cette question.

Bibliographie

Jean-Noël Biraben, « Essai sur l'évolution du nombre des hommes », *Population*, n° 1, 1979, p. 13-24.

Joel E. Cohen, *How Many People Can the Earth Support ?*, New York, Norton, 1995.

Matthew J. Connelly, *Fatal Misconception : the Struggle to Control World Population*, Cambridge (Mass.), Belknap Press of Harvard University Press, 2008.

Paul Ehrlich, *La Bombe P*, Paris, Fayard, 1972.

Philippe Fargues, *Générations arabes : l'alchimie du nombre*, Paris, Fayard, 2000.

Ronald A. Fisher, *The Genetical Theory of Natural Selection*, Oxford, Oxford University Press, 1999.

Michel Foucault, *Sécurité, territoire, population : cours au Collège de France, 1977-1978*, Paris, Gallimard-Le Seuil, 2004.

Corrado Gini, *Nascita, evoluzione e morte delle nazioni*, Rome, Instituto fascista di cultura, 1930.

Michel Griffon, *Nourrir la planète : pour une révolution doublement verte*, Paris, Odile Jacob, 2006.

Ernst Haeckel, *Histoire de la création des êtres organisés d'après les lois naturelles*, Paris, C. Reinwald, 1874.

Daniel J. Kevles, *In the Name of Eugenics*, Cambridge (Mass.), Harvard University Press, 1995.

Reinhart Koselleck, *Le Futur passé*, Paris, éditions de l'EHESS, 2000 (éd. allemande 1979).

Hervé Le Bras, *Les Limites de la planète*, Paris, Flammarion, coll. « Champs », 1996.

Hervé Le Bras, *Naissance de la mortalité : l'origine politique de la statistique et de la démographie*, Paris, Gallimard-Le Seuil, 2000.

Claude Lévi-Strauss, *Race et histoire*, Paris, Gallimard, 2007.

Franck Lorimer, *Culture and Human Fertility*, Paris, Unesco, 1954.

Thomas R. Malthus, *Essai sur le principe de population*, Paris, Flammarion 1992 (éd. anglaise 1798).

Raymond Pearl, *The Biology of Population Growth*, New York, Arno Press, 1977.

Wiktor Stoczkowski, *Anthropologies rédemptrices : le monde selon Lévi-Strauss*, Paris, Hermann, 2008.

Simon Szreter, « The idea of demographic transition and the study of fertility change : a critical intellectual history », *Population and Development Review*, vol. 19, n° 3, 1993, p. 659-701.

Patrick Tort (dir.), *Dictionnaire du darwinisme et de l'évolution*, Paris, PUF, 1996.

Donald P. Warwick, *Bitter Pills : Population Policies and Their Implementation in Eight Developing Countries*, Cambridge, Cambridge University Press, 1982.

Vero C. Wynne-Edwards, *Animal Dispersion in Relation to Social Behavior*, Édimbourg, Oliver and Boyd, 1962.

Ce livre fait suite à une série de conférences qui se sont tenues à la Cité des sciences et de l'industrie les 27 novembre, 4 et 11 décembre 2008.

Dans la même collection

n° 1. *Qu'est-ce que l'humain?* de Pascal Picq, Michel Serres et Jean-Didier Vincent

n° 2. *Qu'est-ce que mourir?* sous la direction de Jean-Claude Ameisen, Danièle Hervieu-Leger et Emmanuel Hirsch

n° 3. *Hommes, femmes: la construction de la différence* sous la direction de Francoise Heritier

n° 4. *Les Origines du langage* de Jean-Louis Dessalles, Pascal Picq et Bernard Victorri

n° 5. *Vers une énergie durable?* de Daniel Clément et Pierre Papon

n° 6. *Évolution, extinctions: le message des grenouilles* d'Alain Dubois et Annemarie Ohler

n° 7. *Plaidoyer pour réconcilier les sciences et la culture* sous la direction de Claudie Haigneré

n° 8. *La face cachée des émotions* de Sylvie Berthoz et Silvia Krauth-Gruber

Achevé d'imprimer par EMD S.A.S.

N° d'éditeur : 090574-01
N° d'impression : 26274
Dépôt légal : mars 2012
Imprimé en France